F. Riefkohl

Die Insel Norderney

Eine kurze Darstellung ihrer Geschichte und Geographie, ihrer Pflanzenwelt und Tierwelt und ihrer Seebadeanstalt

weitsuechtig

F. Riefkohl

Die Insel Norderney

Eine kurze Darstellung ihrer Geschichte und Geographie, ihrer Pflanzenwelt und Tierwelt und ihrer Seebadeanstalt

ISBN/EAN: 9783956562846

Auflage: 1

Erscheinungsjahr: 2015

Erscheinungsort: Bremen, Deutschland

Die Insel Norderney.

Eine kurze Darstellung

ihrer

Geschichte und Geographie, ihrer Pflanzenwelt und Thierwelt und ihrer Seebadeanstalt.

Mit einem Plane von Norderney,
einer Karte der ostfriesischen Küste, einem Plane des Dünenschutzwerkes

Hannover.
Schmorl und von Seefeld.
1861.

III.

Situations-Plan vom westlichen Theile der Jnsel Norderney.

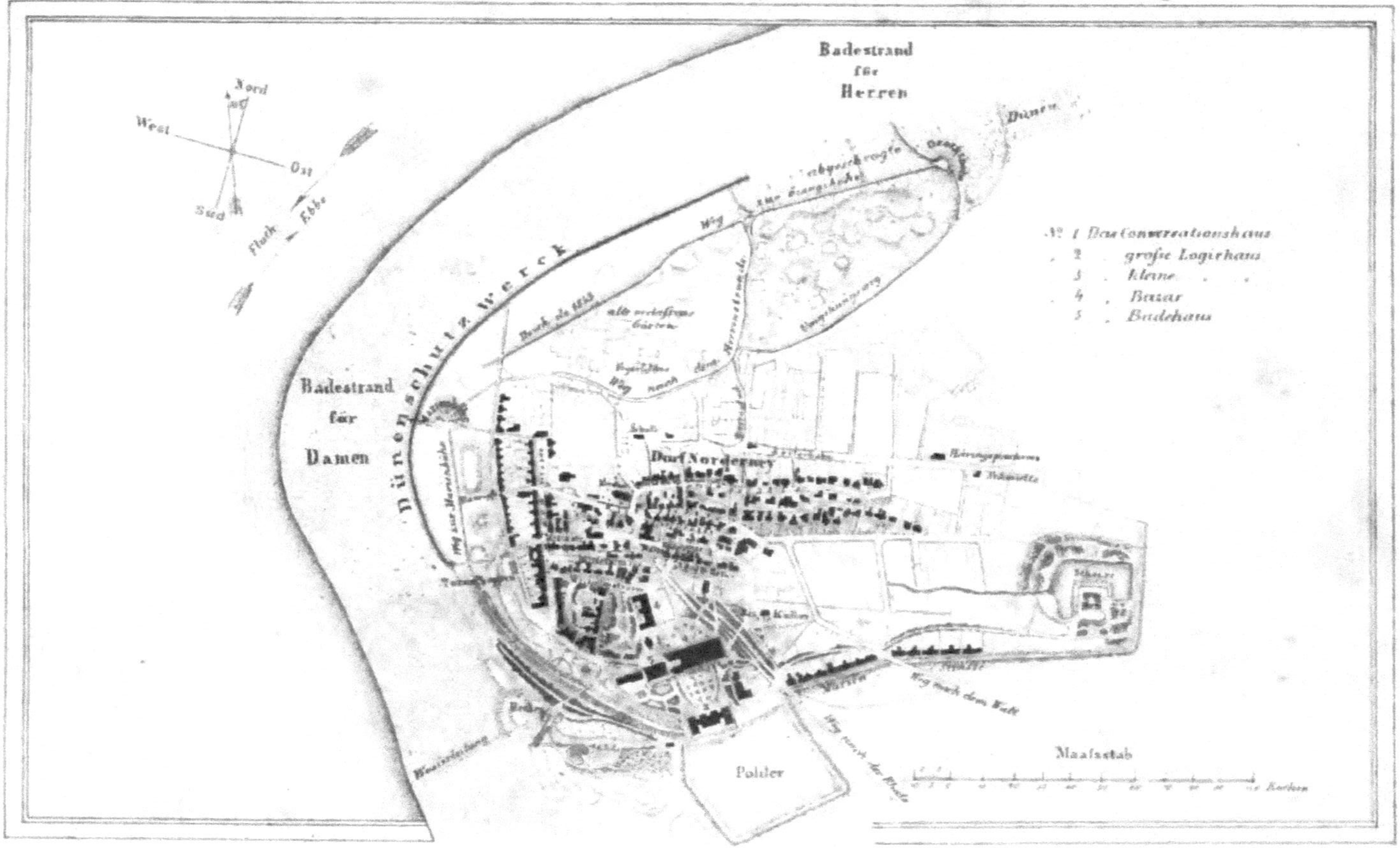

Vorwort.

Der Wunsch vieler Besucher unserer Insel, einen Führer zu besitzen, welcher über manche daselbst wahrgenommene fremdartige Erscheinung ihnen Aufschluß ertheilen möchte, so wie die Bereitwilligkeit der Herren Verleger, diesem Wunsche entgegenzukommen, haben dieses Schriftchen ins Dasein gerufen.

Der Unterzeichnete glaubte als angestellter Badearzt die Verpflichtung zu haben, den Curgästen Norderney's in der angedeuteten Weise nützlich zu sein, und er war so glücklich, sachkundige Mitarbeiter zu finden, die ihm die Erreichung des Zieles möglich machten. Zu dem botanischen Theile der Arbeit hat ein verehrter Freund mitgewirkt, welcher seine Mußestunden während einer Curzeit vor drei Jahren zum Sammeln der auf der Insel vorkommenden Pflanzen benutzte. Herr Dr. Lantzius Beninga in Göttingen, ein gründlicher Kenner der ostfriesischen Flora, hatte die Güte, die Redaction des Aufsatzes zu übernehmen.

Die Schilderung der Thierwelt Norderney's enthält den Abdruck eines Aufsatzes, welchen Herr Dr. Robert Hartmann in Berlin vor fünf Jahren in der Zeitschrift „die Natur" veröffentlicht hat. Herr Studiosus Karl Martin in Berlin hat es freundlichst übernommen, diesen zoologischen Theil durch Beschreibung der Weich- und Strahlthiere in ausgezeichneter Weise zu vervollständigen. Die zu seiner Arbeit gehörenden Holzschnitte sind, wenn nicht besonders die Quelle angegeben ist, nach der Natur, sowie wenn kein Größenverhältniß dabei, in natürlicher Größe gezeichnet.

Das Dünenschutzwerk ist von Herrn Wasserbau-Conducteur Tolle, welcher den Bau desselben geleitet hat, durch Schrift und Plan erläutert, und dieser Theil wird Vielen eine willkommene Beigabe sein, nicht weniger auch die landschaftlichen Abbildungen in Farbendruck von der Hand einer talentvollen Freundin der Nordsee.

Wenn der Unterzeichnete in den von ihm bearbeiteten Theilen sich auf Gebiete wagte, die seinem eigentlichen Berufe fern liegen, so möge der Zweck ihm als Entschuldigung dienen. Die benutzten Quellen sind gewissenhaft angegeben; möge das auf wenigen Blättern in gedrängter Kürze Dargestellte manchen Leser zu eingehenderer Belehrung anregen!

Hannover, im Frühjahre 1860.

Dr. F. Riefkohl.

I.

Geographisches.

Eine Kette von Inseln zieht sich der Deutschen Nordseeküste entlang. Ihre Glieder, entstanden aus dem Untergange, gehen seit Jahrhunderten ihrem sichern Verfalle selber entgegen im Kampfe gegen die Elemente, denen sie ihr Dasein verdanken*).

Offenbar haben sie ursprünglich ein zusammenhängendes Ganzes gebildet mit dem Norddeutschen Flachlande, dessen niedrige, vielfach von den Mündungen abfließender Gewässer durchfurchte Ränder einst durch ungeheure Fluthen ihrer Dünen beraubt und mit Sand überschwemmt wurden. An dem Saume der so entstandenen Bruchstücke bauten Wind und Wogen sich selber Schranken durch neue Dünenreihen, in deren Schutze später der Mensch seine Wohnsitze aufschlagen konnte, um dem Meere die kargen Loose abzuringen.

Ihr Anfang fällt in nebelgraue Vorzeit und die Zeit ihrer ersten Bevölkerung ist nicht auszumitteln: Strabo erwähnt sie zuerst, Plinius zählt ihrer 23 von der Rheinmündung bis zum Skagenshorn; als die vornehmste nennt er Burchana, das heutige Borkum, damals eine große Insel im Ausflusse der Ems, zu deren Eroberung Drusus einen Theil des Römischen Heeres verwenden mußte**).

*) Unsere 100 Meilen lange untergehende Nordseeinselkette, ein Memorial von Dr. K. J. Clement. Hamb. Nachrichten Nr. 102. Jahrg. 1858.

**) Das heutige Borkum ist nur der westlichste Theil dieser früher so ansehnlichen Insel, ihr östlichstes Bruchstück bildet die heutige Insel Juist, ein drittes und viertes,

Nach diesem Streiflichte, welches der Römische Schriftsteller auf sie fallen läßt, sinkt die Geschichte der Frieseneilande wieder in dunkle Nacht, bis das Mittelalter abermals Kunde von ihnen giebt, Kunde von schrecklichen Siegen der Elemente über die muthigen Bewohner des fortgespülten Bodens, von entsetzlichen „Manntränken", von verschwundenen Städten und Dörfern. Besonders der nördlich von der Elbe gelegene Theil des Inselkranzes ist es, der eine Geschichte besitzt und Geschichtschreiber gefunden hat; der östliche wird seltener erwähnt, seine Bewohner führten von jeher das amphibische Leben der Fischer und folgten einfach den Geschicken ihrer festländischen Nachbarn und Stammverwandten.

Heutigen Tages zählen wir siebzehn Frieseneilande vom Helder bis zur Jütischen Küste, sechs derselben gehören der Krone Hannover: Borkum, Juist, Norderney, Baltrum, Langeroog und Spikeroog, die schirmende Vormauer der Ostfriesischen Seedeiche und der fruchtbaren Marschen.

Der schmale Meeresstreifen, welcher alle die ebengenannten Inseln vom Festlande trennt, wird vorzugsweise „das Watt" genannt; seine Breite wechselt von anderthalb bis zwei Stunden und seine Tiefe, die an einigen Stellen 60 bis 70 Fuß beträgt, ist an anderen so gering, daß zur Zeit der niedrigsten Ebbe Furthen bleiben, mittelst deren man einige der Inseln wie u. a.

Bant und Buise, sind im Laufe der Zeit von den Fluthen vollends verschlungen und tauchen nur während niedriger Ebbe als Sandplatten aus ihnen hervor.

Menso Alting in seinem 1697 zu Amsterdam erschienenen, einst sehr berühmten historisch-geographischen Werke: Notitia Germaniae inferioris, giebt u. A. einige Karten, welche für die Kenntniß unserer Inseln wichtig sind: zwei derselben betreffen die Veränderungen, welche die furchtbaren Sturmfluthen des dreizehnten Jahrhunderts an diesem Theile des Nordseegestades hervorgebracht haben, die erste unter dem Titel: Descriptio frisiae liberae inter Kinnemum et Amisiam sub francorum redilum usque ad eluviones saeculi XIII., die andere: Frisia libera etc. post eluviones saec. XIII. Sie verdeutlichen die Zerreißung Borkum's in vier Theile und die Ueberfluthung des Dollarts. Die Copie dieser Karten, welche als Tab. I. diesem Schriftchen beigegeben ist, wurde nach dem Originalwerke Alting's angefertigt, das in hiesiger Königlicher Archiv-Bibliothek sich befindet. Die verschiedene Färbung der Umrisse wird die betreffenden Verhältnisse auch ohne weitere Erklärung anschaulich machen.

Aus dem Alting'schen Texte möge es gleichfalls erlaubt sein, eine Stelle hier anzuführen: Pars I, pag. 22: Insulae sunt XXIII in littore maris Germanici a Rheno ad Cimbricum Promontorium, tam nostra quam Plinii aetate. Qui illarum nobilissimam facit Burchanam a Druso vi expugnatam. Romani milites fabariam a frugis similitudine sponte provenientis dixere. Et haec omnia sunt, quae de illa ex veteribus scimus — — — Unde perspicuum Burchanam tum vere nobilissimam fuisse insulam et littoralium omnium longe maximam, ambitu suo Justam, Bantam, Busam hodie vadis aut nove alveo distinctas complexam.

Norderney, zu Pferde und zu Wagen, ja zuweilen trockenen Fußes erreichen kann.

Die Fluth findet ihren Zugang zu dem Watte theils durch die Emsmündung und östlich von der Ausmündung der Jahde her, theils durch die Lücken, welche die Inseln zwischen sich lassen, die sogenannten Seegate; und die Strömungen, welche bei Fluth und Ebbe von und nach diesen Seegaten stattfinden, so wie die von den Sielen und Rieden kommenden Ausströmungen des Binnenwassers haben verschiedene Läufe oder Betten gebahnt, welche Baljen genannt werden*).

Letztere bilden das Fahrwasser der Küstenschiffe und setzen ihren Lauf auch durch die Sandbänke, Platen oder Riffe fort, welche die Nordseite der Inseln oft in stundenweiter Breite umgeben und welche für die Schifffahrt so hinderlich und gefährlich sind.

Das Wasser, welches durch Flüsse und Gräben dem Watte aus dem Festlande zugeführt wird, ist jederzeit mit Bestandtheilen des Bodens beladen, den es durchfloß: Kalk, Thon, Sand und eine Menge animalischer und vegetabilischer Ueberreste trüben seine Fluthen und setzen sich, dem Gesetze der Schwere und chemischer Einwirkung folgend, zu Boden, sobald die süße und die salzige Fluth zusammentreten. Ein grauer feiner Schlamm, der sogenannte Schlick, lagert sich an den am meisten beruhigten Orten, also hauptsächlich an den Ufern, wodurch Erhöhungen und allmähliche Anwüchse gebildet werden, von denen bald eine eigenthümliche Vegetation Besitz nimmt, worauf sie eingedeicht und endlich in fruchtbare Polder verwandelt werden.

Aber während so im Schutze der Inseln das gebändigte Element seinen Raub herausgeben und das Festland bauen helfen muß, führt es einen stetigen Zerstörungskampf gegen die Bollwerke selber, die endlich unterliegen müssen, wenn der Abbruch ohne Hülfe fortdauert.

Am Nordsaume der Inseln brandet die Welle der unendlichen See am breiten ebenen Strande. Die Grenze des letztern gegen das Meer hin ist von Ebbe und Fluth abhängig; landwärts erheben sich Dünenreihen, die durch Aufwehung des trockenen Sandes entstanden und durch die Wurzeln der Dünengräser befestigt sind.

Der Grund unter den Dünen besteht überall aus Sand, dem alten Urboden der Inseln. Dazwischen ist regelmäßig eine dünne Schicht von Darg gelagert, eine compacte Masse von Blättern, Halmen und Wurzeln des ge-

*) cf. Bemerkungen über die Ostfriesischen Inseln vom Oberbaurath Plener in der Zeitschr. des Architecten- u. Ingenieur-Vereins für das Königr. Hannover.

meinen Rohrs (Phragmites), welche, torfartig verwoben, durch gewaltigen Druck fest zusammengepreßt, aber meistens noch völlig erkennbar sind. Diese Darglager sind die Ueberreste weiter Rohr- und Binsenfelder, die einst diese unabsehbaren Sumpfebenen am Meeresstrande überzogen, von den Eisschollen der Winterfluthen abgemäht wurden und allmählich sich zu bedeutenden Massen ansammelten, bis sie durch große Umwälzungen abermals mit Sand bedeckt wurden und nun unter den Dünen wunderbar erhalten ruhen. Getrocknet hat der Darg die größte Aehnlichkeit mit leichtem Torfe, brennt auch wie dieser, entwickelt aber beim Brennen einen so unangenehmen schwefligen Geruch, daß man ihn nie zur Feuerung benutzt*).

Auf mehreren der Inseln kommen auch Kleilager vor, welche ähnlich den Anwüchsen am festen Lande durch Aufschlicken an solchen Stellen entstanden sind, wo das ruhigere Wasser seine Sinkstoffe absetzen konnte.

Die unter den sechs genannten Inseln am meisten durch Menschengunst vor ihren Schwestern bevorzugte ist die Badeinsel Norderney, deren Bild dem Leser anschaulich machen in Folgendem versucht werden soll.

Die Insel Norderney**) unter 53° 42′ 30″ nördlicher Breite und 24° 48′ 0″ östlicher Länge gelegen, streckt sich in sichelförmig nach Norden hin ausschreitender Gestalt von Westen nach Osten, ihre Fläche beträgt etwa $^1/_8$ □Meile, ihre Länge mißt $1^3/_4$ Stunden, ihre größte Breite $^1/_4$ Stunde und das Umgehen ihres Umfanges außerhalb sämmtlicher Dünen erfordert eine Zeit von $3^1/_2$ bis 4 Stunden.

Vom Festlande scheidet sie das hier $1^1/_2$ bis 2 Stunden breite Watt, von der gegen Südwest gelegenen Nachbarinsel Juist das Seegat Buiser Tief, von dem ostwärts gelegenen Baltrum das Seegat Wichter Ee.

Die äußerste Peripherie der Insel bildet der Strand, eine unmerklich vom Fuße der Dünen gegen das Meer abfallende, langgestreckte Ebene, deren Breite bei niedrigster Ebbe 250 bis 300 Schritte mißt. Der Sand, der ihren Boden bildet, rührt ursprünglich von der Verwitterung ferner Gebirge her und besteht aus Billionen feiner weißlicher Quarzkörner, welche im Laufe von Jahrtausenden durch Wind und Wogen herumgewälzt und kugelrund geschliffen sind. So weit das an- und abschwellende Meer ihn täglich benetzt, liegt er spiegelglatt festgelagert, und spurlos beschreitet der Fuß diese unvergleichliche Wandelbahn, die nur zuweilen durch schmale Wasserstreifen,

*) Marschenbuch von Hermann Allmers. Gotha 1858.

**) Auge, Age, Ooge, Ey variae dialecti idem vocabulum, oculum denotans, maris etiam insulis tribuerunt Germani veteres, nequidem hodie desueta denominatione Oog et Eyland pro insula. Alting, Pars II, Pag. 15.

sogenannte Rillen, unterbrochen wird, welche seitlich abfließendes Wasser zur Ebbezeit darin zurückläßt.

An derjenigen Grenze des Strandes, die selbst bei höchsten Fluthen die See nicht erreicht, erheben sich mehr oder minder steile Hügel, die Dünen, unregelmäßige Ketten bildend, bald tiefe trichterförmige Kessel, bald flache ebene Thäler zwischen sich lassend. Ihre allmähliche Entstehung kann man sich am besten anschaulich machen, wenn bei trockenem Wetter ein starker Wind den Sand des Strandes vor sich her treibt. Wo immer dann jenseits der Grenze der Sommerfluthen vereinzelte Halme von Dünnengräsern den geringsten Schutz gewähren, da lagern sich Sandkörner, die schnell zu einem kleinen Haufen anwachsen. Das ist der erste Anfang einer Düne. Tritt nun die salzige Fluth nicht allzubald störend dazwischen, so dringt die Pflanze, allmählich dem Lichte zustrebend, immer höher und es entsteht ein durch die langen Wurzelnfasern derselben gebundener Hügel, an welchem fernerhin immer wieder Sandkörner hinaufgetrieben werden und zum Theil befestigt liegen bleiben, bis sie im Laufe vieler Jahre eine gewisse Höhe, durchschnittlich 30—40 Fuß, erreicht haben, — zum Theil weiter geführt, auf der andern Seite wieder herabrollen und einen landwärts immer breiter werdenden Gürtel von Dünen bauen. Neben den eigentlichen Dünenbildern, den Halmgewächsen, finden sich bald auch andere Pflanzen an den geschützteren Abhängen ein, wie die Zwergweide, die Pimpinellrose, und endlich überzieht wohl eine schützende Rasendecke den Hügel und das Thal. Diesen Anblick gewähren die südlichen und südwestlichen Dünen Norderney's, denen eine verständige Cultur bauend und wehrend zu Hülfe gekommen ist. Da aber die westlichen Winde an unserer Nordseeküste häufiger und stärker wehen, als die östlichen, so wird eine größere Masse von Sand, den die Fluthen vom Weststrande losgewühlt haben, zur Ebbezeit gegen das Ostende der Inseln hingeweht, wo er, da es dort zur Zeit noch an bindender Vegetation fehlt, in weiten nackten Hügeln und Platten lose liegend, sich anhäuft. So ist auf Norderney die große s. g. weiße Düne entstanden, die sich in schön geschwungenen Linien bis zu einer Höhe von 100 Fuß erhebt und dem Besucher ein wirklich großartiges Bild gewährt, in massenhafter Zusammenstellung von Wasser, Luft und bleichem Sande. Ostwärts von dieser großen weißen Düne erstreckt sich die Fortsetzung des Norderneyer Strandes als eine kahle, wenig über die gewöhnliche Fluthhöhe hervorragende Sandplatte weit gegen die benachbarte Insel Baltrum hin. Dieser Oststrand ist in den letzten Jahrzehnden durch Aufstäubung merklich größer geworden, und es könnte scheinen, als ob am östlichen Strande gewonnen würde, was am westlichen durch Sturmfluthen verloren geht. Dennoch bedingt dieses Fortrücken der Insel eine große Gefahr für ihre Erhaltung; denn sie verliert westlich wohl bewachsene Dünen, um im Osten losen niedrigen Strand dafür einzutauschen, den eine hohe Herbstfluth überschwemmen, durch Durchbrüche oder Schloppen von den Dünen abtrennen und auf eine mit den übrigen Sandbänken gleiche Tiefe herabbringen kann.

Dazu kommt, daß eben das Fortrücken des Strandes nach Osten, welches Norderney mit allen Nordseeinseln theilt, die Gefahr für das Westende mit dem darauf gelegenen Dorfe noch erhöht. Sehr nahe am westlichen Strande vorbei fließt nämlich die See in einem etwa 100 Ruthen breiten und bis 60 Fuß tiefen Stromschlauche, während der übrige Raum zwischen Norderney und Juist — der westlichen Nachbarinsel — größtentheils durch Sandbänke ausgefüllt ist, welche auf Niedrigwasser oder nur wenige Fuß darunter liegen und mit dem ebenfalls langgezogenen östlichen Strande von Juist, dem so genannten Kalfamer, in Verbindung stehen. Auch diese Sandbänke, die sich fortwährend durch den Sand bereichern, den die vorherrschenden Seewinde ihnen aus den nackten Dünen zuführen, schieben sich von Jahr zu Jahr weiter vor und drängen die Strömung der zwischen Juist und Norderney in dem eben erwähnten Stromschlauche ein- und austretenden Fluth und Ebbe immer mehr ostwärts. Der westliche Strand Norderney's wurde folglich mehr und mehr von der Strömung untergraben, schmaler und niedriger, und durch den Abbruch der Dünen bei Sturmfluth dem Inseldorfe näher geschoben, so daß dieser im Jahre 1855 nur noch durch eine schmale Dünenreihe vom Strande getrennt war.

Durch die Sturmfluth in der Sylvesternacht $18^{54}/_{55}$ waren die Dünen an der West- und Nordwestseite der Insel in einer Breite von 80 Fuß, vor den alten Gärten (s. den Situationsplan) sogar in einer Breite von 160 Fuß weggerissen, die Gefahr für das Dorf und die Gebäude der Badeanstalt bei wiederkehrenden Sturmfluthen also eine höchst drohende. Erhaltung der übrig gebliebenen Dünentrümmer war also das Erste und Nothwendigste, was erstrebt werden mußte, um die Insel vor einem nahen Untergange zu schützen*).

Das im Allgemeinen gewiß zweckmäßigste Verfahren, die Dünen durch sorgfältiges Abflachen und Bepflanzen mit Sandgewächsen gegen Wind und Wellen zu schützen, konnte an dieser gefährdeten Stelle allein nicht mehr genügen, dazu war der Andrang der Strömung, die Gewalt des Wellenschlags zu heftig und der Dünenrand bereits zu schmal geworden, man mußte

*) Die gefährlichste Stelle war damals östlich von der Marienhöhe bei den tief liegenden (jetzt verlassenen und zum Theil zugeschütteten) Gärten der Insulaner, man schritt daher zunächst zur Ausführung eines Sanddeichs (s. den Situationsplan), der einen Durchbruch der nächsten Fluthen durch diese Gärten zum Dorfe verhüten sollte.

zu sichereren, aber auch zu bedeutend kostspieligeren Maßregeln schreiten, d. h. besondere starke Bauwerke zum Schutze der Dünenreste ausführen. —

Im Jahre 1856 wurden nun der Regierung zwei verschiedene Pläne vorgelegt, deren einer — ein Stein-Revetement — gewählt wurde und alsbald zur Ausführung kam, so daß im Januar des Jahres 1858 bereits eine Länge von 80 Ruthen dieses Bauwerks vorgerichtet war. Die Sturmfluthen vom 20./21. Januar und besonders vom 1./2. Februar 1858 zeigten jedoch, daß das Bauwerk in der bisher befolgten Construction nicht zu halten sei, die Steinbekleidung hatte den Dünenrand zwar vollständig beschützt, war aber selbst zur Hälfte zerstört.

Nach Feststellung eines neuen Planes durch eine Commission wurde dann der Bau des jetzigen Dünenschutzwerkes im Frühjahre 1858 in Angriff genommen und bereits im October desselben Jahres in einer Länge von 203 Ruthen oder 3250 Fuß vollendet.

Wie aus dem kleinen Situationsplane von dem westlichen Theile der Insel Norderney zu ersehen ist, erstreckt sich dasselbe, in der Nähe des Turnschoppens beginnend, anfänglich von Südost nach Nordwest, zieht sich im sanften Bogen um die Marienhöhe und verfolgt dann bis zum Endpunkte am Herrenstrande die Richtung von Südwest nach Nordost. Das Werk besteht aus einer doppelt gekrümmten liegenden Mauer, deren Fuß durch eine

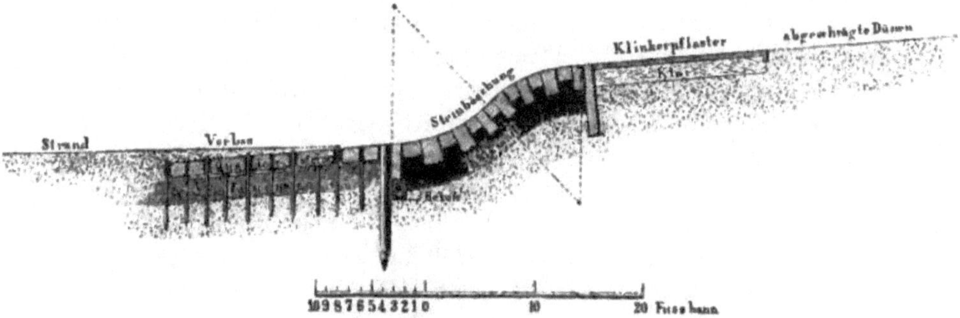

schlossene Reihe zehnfüßiger Pfähle und durch einen besonderen Vorbau von Fascinage mit Steinbedeckung gegen Unterspülung gesichert und deren Kopf einentheils durch eine etwas geneigte zusammenhängende Wand 6 Fuß langer Steinplatten und anderntheils durch ein flach ansteigendes, 16 Fuß breites Klinkerpflaster*) gegen Hinterspülung geschützt ist. Die doppelt gekrümmte Mauer, die an und für sich die Wellen wehren, also den Dünenrand gegen fernern Abbruch schützen soll (während die übrigen Theile des Bauwerks dazu

*) Klinker sind fest gebrannte Ziegel.

dienen, die Mauer selbst vor Zerstörung zu bewahren), ist 17 Fuß breit und 7 Fuß hoch, d. h. der Fuß der Mauer beginnt am Strande in einer Höhe von 5 Fuß über gewöhnliche Fluth und ersteigt, sich an die abdossirte Dünenwand lehnend, in einer Breite von 17 Fuß, die Höhe von 12 Fuß über ord. Fluth.

Die Steine in der untersten Schicht der Mauer, die s. g. Bordsteine, sind 3 Fuß hoch und ruhen auf Béton (einer Mischung von Steinstücken und Mörtel, während der übrige Theil der Mauer auf einer Unterbettung von Kalksand (einer Mischung von Sand und Kalk) ruht. Sämmtliche Steine sind sorgfältig mit Mörtel verbunden und die Fugen mit Portland-Cement verstrichen.

Die Reihe dicht neben einander eingeschlagener 10 Fuß langer Pfähle steht unmittelbar vor der Mauer und in ganzer Länge im Boden, indem ihre Köpfe nicht über die Oberfläche der Bordsteine hervorragen.

Vor dieser Pfahlwand ist der zu leicht bewegliche Sand auf 20 Fuß Breite und 4 Fuß Tiefe längs der ganzen Mauer beseitigt und dafür gleichsam als Sturzbrett der an der Mauer sich brechenden niederschlagenden Wellen eine $2^1/_2$ Fuß starke Lage von Faschinen eingebracht, die mit schweren Quadersteinen bedeckt und belastet sind, zu deren Befestigung wiederum fünf Reihen sogenannter Kauntzäune eingerammt sind, zwischen welchen sie liegen.

Durch diesen Vorbau wird eine Auskolkung des Strandes unmittelbar vor der Mauer vermieden, also der Fuß der letzteren gesichert. Um aber die Kraft der über den Kopf der Mauer hinausschlagenden Wellen ebenfalls unschädlich zu machen, ist auf einer Unterlage von Klei oder Schlick das 16 Fuß breite Klinkerpflaster angefertigt, und um bei einem etwaigen Durchschlagenwerden desselben das Eindringen des Wassers zur Unterbettung der Mauer zu vermeiden, ist diese am Kopfe durch eine dichte Wand 6 Fuß langer Steinplatten abgeschlossen.

Durch das so eben beschriebene, 3250 Fuß lange Dünenschützwerk, welches bereits bei den Fluthen im Frühjahre 1859, so wie auch namentlich bei der Sturmfluth vom 6. Februar dieses Jahres genügende Beweise seiner Haltbarkeit geliefert hat, ist die Insel an der gefährdeten nordwestlichen Ecke, wo die Dünen bereits bis auf einen kleinen Rest zerstört waren, befestigt und das Dorf vor der Gewalt der Hochfluthen geschützt. Die weiter östlich belegenen Dünen werden in neuester Zeit möglichst flach abdossirt (s. den Situationsplan) und sorgfältig mit Helm bepflanzt, wodurch sich diese gegen den Wellenschlag bei Sturmfluthen nicht minder, als gegen das Verwehen am einfachsten und besten selbst schützen. Es wurde bereits oben bemerkt, daß das Dünenschutzwerk angelegt wurde, um die damals dringendste Gefahr für das Dorf bei wiederkehrenden Sturmfluthen zu beseitigen, daß es eben nur gegen den Wellenschlag den letzten Dünenrand schützen, nicht aber auch den Abbruch des westlichen Strandes durch Fluth und Ebbeströmung (welcher, wie erwähnt, hauptsächlich durch das Näherrücken des östlichen Strandes der Insel Juist und der vorliegenden Sandplaten bedingt ist) verhüten konnte. Und daß es selbst die Dünen nur so lange schützen kann, als noch Vorland, noch Strand vor demselben sich befindet, war an und für sich klar. Da aber der Strand damals noch breit war — 40–50 Ruthen — und da, aus 100 Jahren gemittelt, die jährliche Abnahme des westlichen Strandes der ostfriesischen Inseln an Breite zu etwa 2 Ruthen anzunehmen ist, so konnte man immerhin ohne große Gefahr über das fernere Verhalten des Strandes und der Strömungsverhältnisse während einiger Jahre genauere Beobachtungen und Untersuchungen anstellen, um eventuell auch dann zu Vertheidigung des Strandes zu schreiten. Es sind nun die sorgfältigsten Messungen sowohl in Bezug auf den Strand selbst, als auch auf den vorliegenden Seegrund mit den Sandbänken und Stromläufen wiederholt vorgenommen und hat sich daraus ergeben, daß — soll die Insel mit dem Bade in ihrer jetzigen Lage erhalten werden — man nicht mehr säumen darf, auch an die Beschützung des Strandes gegen Fluth und Ebbeströmung zu denken. Die Königlich Hannoversche Regierung hat sich bereits einen ausführlich bearbeiteten Plan zur Sicherung des westlichen Strandes vorlegen lassen und ihr Bestreben wird darauf gerichtet sein, daß Norderney nicht dem traurigen Loose Wangeroog's verfalle, sondern daß dem Vaterlande ein werthvolles Stückchen Erde erhalten bleibe.

Die auf Seite 4 gegebene Schilderung des Norderneyer Strandes, als einer aus reinem festgelagertem Sande gebildeten Fläche, bezieht sich vorzüglich auf den nördlichen und westlichen Theil der Inselperipherie. Der südlich daran grenzende Theil bildet den Uebergang zum Wattstrande. Dieser erhält durch die Zugabe eines grauen Schlammes, des mehrerwähnten Schlickes, den das trübe ruhigere Wasser dem Sande beimischt, einen wesentlich verschiedenen Character. Eine eigenthümliche Pflanzen- und Thierwelt findet hier die Bedingungen reicheren Lebens und nur die tägliche Wiederkehr der salzigen Fluth verhindert den üppigsten Wiesenwuchs, den wir am westlichen Ende des Wattstrandes durch Eindeichung einer ziemlich bedeutenden Strecke auch wirklich hervorgebracht sehen, wo kräftige ostfriesische Kühe auf einer duftenden Kleewiese weiden. Weiterhin, in der Richtung nach Osten, befinden wir uns der Rhede gegenüber, auf welcher die Fischerschaluppen der Insulaner Schutz vor den Stürmen finden. Von da ab dehnt sich in mehrstündiger Entfernung der Wattstrand, dem Festlande gegenüber, der Insel entlang, bis er endlich im losen Flugsande sich verliert. Wer die originelle, ganz gefahrlose Reise zur Insel im Wagen durch das

Watt gewählt hat, lernt zuerst diesen Theil des Strandes kennen und fährt eine lange Strecke während der Ebbe auf einem Pfade, der kurz vorher noch von der Fluth überschwemmt war, und welchen bald wieder die Kiele flacher Schiffe durchkreuzen werden. Ebene grüne Schaaftriften begrenzen inselwärts den Wattstrand und werden erst in einiger Entfernung wieder von hohen unregelmäßigen Dünen eingerahmt.

Der Name Strand schlichtweg bezeichnet in Norderney immer den nördlichen Inselsaum. Hier weilen wir am liebsten, hier schweift der Blick mit stets erneuter Lust über die unbegrenzte Fläche des Meeres, welches bald das heitere Blau des Himmels, bald das düstere Grau der Regenwolken uns entgegenspiegelt, im Allgemeinen aber freilich wegen seiner geringen Tiefe und fast ununterbrochenen Bewegung an unsern Küsten trüber gefärbt erscheint, als die Ostsee oder das Mittelländische Meer.

Es ist eine bekannte Thatsache, daß alles Meerwasser Salze aufgelös't enthält, deren Gegenwart sich schon durch den eigenthümlichen Geschmack verräth. Ueber den Ursprung der Salze im Meere war lange Zeit nichts Genügendes ermittelt, allein gegenwärtig hat wohl die Ansicht, daß alle aufgelösten festen Bestandtheile dem Meere durch die Binnengewässer mitgetheilt worden seien, allein noch Geltung, insofern höchstens eine örtliche Verschiedenheit durch eigne Auflösung des Meeres zulässig zu sein scheint*). Fortwährend steigt aus der endlosen Fläche der See reines Wasser in Dunstform auf, um vom Lande her, nachdem es als Regen niedergefallen, aus den Quellen der Gebirge mit den Salzen beladen, die es beim Durchsickern auflöste, in den Ocean zurückzuströmen.

Im Laufe der Jahrtausende mußte also in dem ungeheuren Magazine ein bedeutender Ueberschuß aufgespeichert werden, und die Lösung würde sich noch immer mehr verdichten, wenn nicht dafür gesorgt wäre, daß ein Heer von lebenden Wesen, Pflanzen, Korallen, Schaalthieren, Fischen, Seevögeln das Meer von seinem Ueberflusse an festen Bestandtheilen befreite**).

Das Wasser der Nordsee an dem Strande Norderney's gleicht dem des Atlantischen Oceans an Salzgehalt fast genau, da in unmittelbarer Nähe

---

*) Geschichte der Schöpfung von Burmeister.

**) Im Widerspruche mit den geistvoll ausgeführten Theorien Bischoff's, Maury's und anderer Autoritäten sucht eine neuere Schrift des Dr. Ludwig Meyn den Ursprung des Salzgehaltes im Meerwasser aus Plutonischen Vorgängen herzuleiten, indem sie die Behauptung aufstellt, das Kochsalz sei im flüssigen Zustande schon in der glühenden Erdrinde vorhanden gewesen und das ursprünglich nicht salzige Meerwasser sei es erst durch Auflösung mächtiger Steinsalzlager geworden. Eingehendere Belehrung findet der Leser in dem Werke Roßmäßler's: Das Wasser. Leipzig, 1858.

der Insel keine größeren Ströme ihr Wasser dem erstern verdünnend beimischen.

Folgende Angabe seiner Zusammensetzung verdanken wir der Güte des Herrn Commerzrath Angerstein, Leiter der Struve'schen Mineralwasser-Anstalt in Hannover, welcher im Laufe des vorigen Winters eine genaue chemische Analyse von Seewasser angestellt hat, daß unter Anwendung aller Vorsichtsmaßregeln am Norderneyer Badestrande geschöpft wurde.

In einem Pfunde = 7680 Gran des Nordseewassers sind an festen Bestandtheilen enthalten:

Chlornatrium	197,500	Gran.
Chlorkalium	4,146	„
Chlormagnesium	28,362	„
Schwefelsaure Talkerde	10,200	„
Schwefelsaure Kalkerde	4,926	„
Kieselerde	0,782	„
	= 245,916	Gran.

Das Wasser zeigte bei +15° C ein specifisches Gewicht von 1,023.

Organische, von Seepflanzen, Weichthieren u. s. w. herrührende Bestandtheile, deren Menge nach der Jahreszeit und der Witterung verschieden ist, sind als schleimige Beimischung stets im Seewasser zu erkennen und verleihen ihm die geschmeidige Weichheit und die schaumige Beschaffenheit, die selbst dem flüchtigen Beobachter nicht entgehen wird.

Die Temperatur der See ist gleichförmiger, als die kleinerer Gewässer; in den Sommermonaten übersteigt sie am Strande Norderney's selten die Höhe von 15 Grad n. Réamur und fällt im Winter nicht unter 4 Gr. R. Nach F. v. Gräfe erhält sich das ungefähr 200 Schritte vom Weststrande entfernte Fahrwasser bei einer während der Sommermonate zwischen 10 und 15° R. wechselnden Wärme der oberen Wasserlagen in einer Tiefe von 48 Fuß beständig auf 9° R. Nur an sehr flachen Stellen nimmt das Wasser die höhere oder geringere Temperatur des von ihm bedeckten Sandbodens an, so daß am Badestrande im Hochsommer wohl 18–21° R. notirt werden und im Winter Eisschollen das Watt und den Strand bedecken.

Ein Gegenstand des größten Interesses für Jeden, der an der See weilte, ist die stete Bewegung der Wassermassen. Sehr selten gewährt die ungeheure Fläche das Bild vollkommener Ruhe, ja der große, wunderbare Reiz, den das Meer auf den Beschauer magisch ausübt, ist gerade in seiner Bewegung begründet, in den herrlich geschwungenen Linien, welche am Rande des weiten Beckens immer von Neuem gebildet werden, immer einander ähnlich und doch nie gleich, bald unter schäumendem Gischt heranbrausend, wenn der Seewind sie treibt, bald mit weichem Gemurmel im Sande sich verlierend. Ein Wechsel im Bestehen, der den Dichtern aller Zeiten die herrlichsten Bilder geliefert.

Die allbekannte Erscheinung der Wellenbildung hat dennoch den Aufwand vielen Scharfsinnes zu ihrer Erklärung bedurft. Daß sie der Kraft des Windes ihre Entstehung verdankt, ist durch gründliche Theorie jetzt bewiesen. Drückt die Luft*) nämlich in der heftigeren Bewegung des Windes oder Sturmes auf die Oberfläche des Wassers, so entsteht an der gedrückten Stelle, wegen der leichten Verschiebbarkeit der Wassertheilchen, eine Vertiefung und rund um dieselbe ein Wasserwall. Wegen des geringen Zusammenhanges und der geringen Reibung der Wassertheilchen und wegen ihrer allgemeinen, sie niederziehenden Schwere, kann der erhobene Wasserwall nicht lange bestehen; die Wassertheilchen rollen an seinen Seiten herab, bringen durch ihren plötzlichen Druck eine neue Erhebung hervor, welche an ihren Seiten ähnliche Bewegung und Erhebung verursacht, und so erweitert sich das Steigen und Fallen der Wellen oder der Wellenschlag, der aus einer fortdauernden Störung des Gleichgewichtes der horizontalen Wasserfläche und einem ebenso fortwährenden Streben des Wassers besteht, das Gleichgewicht und somit den horizontalen Standpunkt wiederzugewinnen. In tiefer und weit offener See sind die Wellen lang und breit, in seichtem und und vom Lande beengten Wasser dagegen kurz und schmal, das Brechen oder Branden der Woge am Gestade erfolgt, wenn ihr gehemmter Grund von der schneller nachrückenden Spitze überholt wird, welche sich dann schäumend überstürzt. Können in seichter See die kurzen Wellen mit ihrer geringen Wassermasse schwere Schiffe nicht heben, so prallen sie meist dagegen und überfluthen deren Deck als Sturzsee. Läßt der Wind nach, der auch von oben herab einen Druck auf die sich erhebenden Wassermassen ausübt, sobald sie eine gewisse Höhe erreicht haben, so heben sich die nun ganz ihrer gewaltigen Schwingung allein überlassenen Wellen oft noch weit höher, als während des Sturmes, und es finden ausgedehnte Vertiefungen und ihnen correspondirende Erhebungen Statt. Diese hohle See oder Deining (Dünung) ist den Schiffen oft höchst gefährlich, da ihnen die Unterstützung des Windes fehlt. Auch bei völliger Windstille und spiegelglatter Wasserfläche erhebt sich die Deining oft und heißt dann hohle See im eigentlichsten Sinne, weil sich die steigenden Wassermassen aus der Tiefe emporzuheben und einen hohlen Raum zurückzulassen scheinen. Irgendwo in der Nähe hat sich dann ein Sturm erhoben und langt auch gewöhnlich an, wenn die Deining die größte Höhe erreicht hat. Die Fläche des Oceans hat übrigens

---

*) Nach Bobrik.

immer einige Deining; bei völliger Windstille indessen nur in meilenweiten, sehr niedrigen, oft kaum wahrnehmbaren Wallungen. Die weit verbreitete Fortpflanzung der Wellenerregung mag wohl die Hauptursache dieser fortwährenden Wallungen sein, sicher aber tragen auch Ebbe und Fluth, die Axendrehung der Erde und die Strömungen des Meeres mit dazu bei.

Unsere flachen Gestade beeinträchtigen freilich die majestätische Großartigkeit, welche die Meereswogen im Sturme an felsigen Ufern besitzen. In der Nordsee schätzt Muncke die Höhe der Wellen von der höchsten Spitze bis in die Tiefe zwischen zwei Wellen zu 12 Fuß; am Norderneyer Strande beträgt die Erhebung der Wellen über den allgemeinen Wasserspiegel selten über 5 Fuß, die mittlere Höhe ist 3 Fuß.

Stark und anhaltend wehende nordwestliche Winde treiben die Wassermassen der Nordsee im Ganzen gegen die deutsche Küste und erhöhen das Niveau der Meeresfläche, während südöstliche Winde die entgegengesetzte Wirkung ausüben; im letztern Falle gewinnt natürlich der Strand ansehnlich an Breite und in der Nachbarschaft der Inseln ragen weitgestreckte Sandbänke trocken gelegt aus dem Wasser hervor.

Aber abgesehen von dieser zufälligen Ursache, wirkt noch eine andere, regelmäßig wiederkehrende cosmische Erscheinung verändernd auf die Höhe des Wasserstandes an unsern Inseln, wie an allen Gestaden größerer Meere — eine Erscheinung, die schon zu allen Zeiten die Aufmerksamkeit denkender Beobachter auf sich gezogen hat und deren Erklärung hier um so mehr einen Platz finden muß, als man selbst bei Gebildeten so selten einem klaren Verständnisse derselben begegnet. Zwei Mal in 24 Stunden schwillt das Meer, den Strand überschwemmend, bis in die Nähe der Dünen heran — es fluthet — um nach kurzer Rast allmählich zurückzusinken — zu ebben. Nicht täglich zu derselben Stunde wiederholt sich dieses Schauspiel, sondern eben so, wie der Mond heute fast eine Stunde später am Horizonte erscheinen wird, als er gestern sich zeigte, so verspätet sich auch der Eintritt der Fluth binnen 24 Stunden immer um etwa 50 Minuten. Diese Wahrnehmung mußte schon früh auf den Zusammenhang des Mondes mit dem Steigen und Fallen des Wassers führen. Plinius ahnte bereits, daß die Gewässer dem „durstigen Gestirne" folgen müßten, allein erst Newton ist es gelungen, den wahren Grund der merkwürdigen Wechselwirkung aufzuhellen, indem er nachwies, daß sie eine nothwendige und einfache Folge der allgemeinen Anziehung ist.

Die Erfahrung lehrt uns*), daß die Körper, welche irgendwo auf der

---

*) Diese Beweisführung ist entnommen aus: Himmelskunde, von M. A. Stern. Stuttgart 1854.

Erde in die Höhe geworfen werden, wieder zur Oberfläche zurückfallen, die Richtung der Fallbewegung geht immer nach dem Mittelpunkt der Erde hin, doch muß man hieraus nicht schließen, daß gerade im Mittelpunkte der Erde ein unbekanntes Etwas ist, was den Körper zu sich zieht, alle Theile des Erdkörpers wirken vielmehr zusammen, um den fallenden Körper nach dem Mittelpunkt der Erde hinzuziehen. Aber dieselbe Kraft, die ein Sandkörnchen zur Erde treibt, treibt auch die Planeten zur Sonne, die irdische Schwerkraft ist nur eine besondere Aeußerung dieser Anziehungskraft, die man die allgemeine Schwerkraft nennen kann. Alle materiellen Theilchen im ganzen Sonnensystem ziehen sich wechselseitig an. Insofern nun alle Körper als eine Sammlung solcher materieller Theilchen anzusehen sind, so wird ein Körper eine desto größere Anziehungskraft ausüben, je mehr solcher Theilchen er enthält. Die Anziehung, welche ein Körper auf den andern ausübt, nimmt daher mit seiner Masse zu. Jedoch hängt die Stärke der Anziehung nicht blos von der Masse, sondern auch von der Entfernung der anziehenden Theilchen von den angezogenen ab, und zwar nimmt die Anziehung im Verhältniß des Quadrates der Entfernung ab. Man denke sich nun, der feste Kern der Erde sei ganz von Wasser umgeben, so wird dieses, wenn es sich ins Gleichgewicht gesetzt hat, ebenfalls die Kugelgestalt angenommen haben, und der Druck, welchen diese Wassermasse auf die Erde ausübt, wird in allen Punkten derselbe sein, weil sie überall gleichen Abstand vom Mittelpunkte der Erde hat, also auch überall gleich angezogen wird. Man denke sich aber nun, daß ein außerhalb der Erde befindlicher Körper das Wasser ebenfalls anzieht, so wird nothwendig das Gleichgewicht des Wassers gestört.

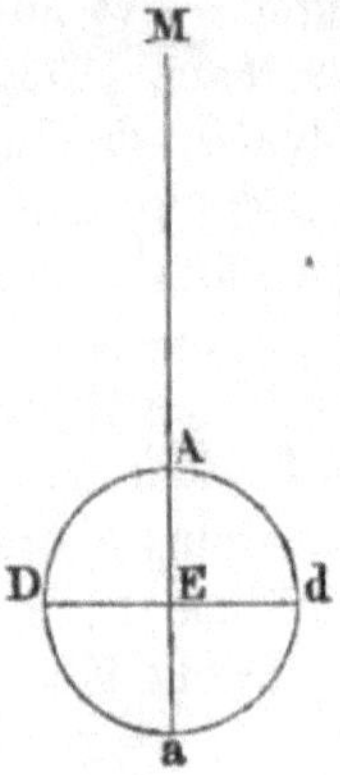

Bedeutet der Kreis ADad die Erde, deren Mittelpunkt in E ist, M den außerhalb der Erde befindlichen Körper, so wird eine Wassermasse im Punkte A, welcher M am nächsten ist, stärker von M angezogen, als eine gleich große, die sich im Punkte D befindet. Die Anziehungskraft jedoch, welche die Erde auf diese beiden Massen ausübt, ist dieselbe; diese Anziehungskraft wird also durch M im Punkte A mehr vermindert, als in D, d. h. das Gleichgewicht des Wassers ist aufgehoben und die Wassermasse in A wird nicht mehr so stark drücken, als die Wassermasse in D. Eine nothwendige Folge davon ist, daß das schwerere Wasser in D nach A fließen wird, um das Gleichgewicht wieder herzustellen. Aus demselben Grunde wird auch auf der andern Seite das Wasser von d nach A fließen. Man übersehe hierbei nicht, daß auch in den zwischen A und D einerseits und A und d andrerseits liegenden Punkten der Druck des Wassers desto schwächer wird, je näher jeder dieser Punkte am Punkte A ist. Auf diese Weise wird sich bei A eine Ansammlung des Wassers, eine Fluth bilden, während bei D und d, von welchen Punkten das Wasser am stärksten weggezogen wird, Ebbe ist.

Zu gleicher Zeit wird aber auch in dem Punkte a, welcher dem Punkte A entgegengesetzt ist, eine Fluth entstehen. Würde nämlich der Mittelpunkt der Erde nicht stärker von M angezogen, als das Wasser in a, so würde ihr gegenseitiges Verhältniß dasselbe bleiben, d. h. die Anziehungskraft, welche die Erde auf diese Wassermasse ausübt, würde dieselbe bleiben, als wenn der Körper M gar nicht vorhanden wäre. Da aber der Punkt E, welcher M näher liegt, stärker angezogen wird, als der entferntere a, so wird hierdurch die Anziehungskraft der Erde vermindert und mithin auch der Druck, welchen das in a befindliche Wasser ausübt. Dagegen zieht der Körper M die Punkte D und d fast mit derselben Kraft an, wie E, die in diesen Punkten befindlichen Wassermassen werden daher fast noch eben so stark wie früher von der Erde angezogen, behalten also auch ihr früheres Gewicht. Mithin ist auch hier wieder das Gleichgewicht aufgehoben, das schwerere Wasser muß nach a fließen, wo also eine Fluth entsteht.

Man nehme nun an, dieser anziehende Körper M sei der Mond. Steht dieser über einem Orte A in dessen Meridian, so wird an diesem Orte und zugleich an dem entgegengesetzten Orte a, welcher unter demselben Meridian liegt, Fluth sein, während in den dazwischen liegenden Punkten D und d Ebbe ist. Wegen der täglichen Umdrehung der Erde kommt aber der Mond allmählich in alle verschiedenen Meridiane. Hätte der Mond keine eigene Bewegung, so würde mithin während sich die Erde einmal von Westen nach Osten um ihre Achse dreht, an jedem Punkte zweimal Fluth und zweimal Ebbe sein. Da aber der Mond ebenfalls von Westen nach Osten in seiner Bahn um die Erde fortrückt, so dauert es immer länger, bis der Mond wieder über den Punkt A zu stehen kommt. Bei der mittlern Geschwindigkeit beträgt die Verzögerung in einem Tage etwa 50 Minuten, so daß zwischen einer Fluth und der nächstfolgenden durchschnittlich 12 Stunden und 25 Minuten verfließen.

Es ergiebt sich aus dem Vorhergehenden, daß die Fluthwelle der scheinbaren täglichen Bewegung des Mondes von Osten nach Westen folgen muß, nicht aber als ob, wie man es sich häufig vorstellt, eine und dieselbe Wassermasse durch die Anziehung des Mondes um die ganze Erde herum mit fortgeführt würde, sondern indem das Wasser sich immer an demjenigen Orte am meisten erhebt, über welchem der Mond im Meridian steht.

Die Planeten haben, im Verhältnisse zu ihrer Entfernung von der Erde, eine zu kleine Masse, als daß sie noch eine merkliche Einwirkung auf das Wasser ausüben könnten; anders ist es aber mit der Sonne. Auch diese bringt eine merkliche, wenngleich viel schwächere Ebbe und Fluth als der Mond hervor. Die Höhe der Fluthen hängt daher zugleich von der Stellung des Mondes und der Sonne gegen die Erde ab.

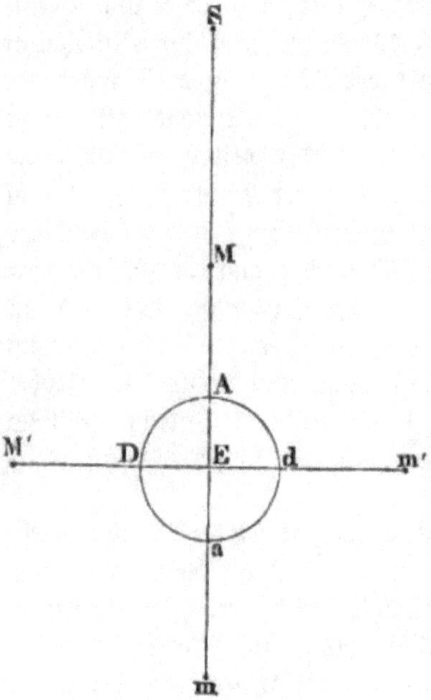

Steht — bei Neumond — die Sonne in S, der Mond in M, so wird in A und a eine starke Fluth entstehen, weil alsdann Sonne und Mond vereint wirken. Ebenso wenn — bei Vollmond — die Sonne in S, der Mond in m ist, denn auch dann bringen beide Himmelskörper gleichzeitig in A und a eine Fluth zu Wege (Zeit der sogenannten Springfluthen). Steht dagegen — zur Zeit des ersten oder letzten Viertels — der Mond in m′ oder in M′, so wirken sich Sonne und Mond entgegen. Während nämlich der Mond in D und d eine Fluth erzeugt, strebt die Sonne dort eine Ebbe hervorzubringen. Nun wird freilich weil die Einwirkung des Mondes die überwiegende ist, eine Fluth entstehen, aber sie wird viel kleiner sein, als zur Zeit des Neu- und Vollmondes (sogenannte Nippfluthen).

Auch die verschiedene Entfernung des Mondes von der Erde hat nothwendig einen Einfluß auf die Höhe der Fluth, da diese desto größer sein muß, je näher der Mond der Erde ist. Einen kleinern, jedoch noch erkennbaren Einfluß hat auch die verschiedene Entfernung der Sonne von der Erde. Im Winter, wo die Sonne uns näher ist, sind die Fluthen zur Zeit des Vollmondes und Neumondes immer größer, zur Zeit der Viertel immer kleiner, als im Sommer, wo sie weiter entfernt ist.

Nach den im Obigen entwickelten Gesetzen müßte das Phänomen der Ebbe und Fluth auf der ganzen Erdkugel gleichförmig und pünktlich von Statten gehen — wenn die ganze Oberfläche derselben mit Wasser bedeckt wäre. Die „materiellen Theilchen" des Festlandes aber vermag die Anziehungskraft ferner Himmelskörper nicht aus ihrem Gleichgewichte zu stören. Die Continente setzen der beweglichen Wassermasse ihren trägen Widerstand entgegen und bewirken tief eingreifende Störungen im Gange der Fluthwelle. Ein Blick auf die Figur der Seite 14 zeigt, daß die Einwirkung des Mondes sich vollkräftig nur an einer Wassermasse äußern kann, die sich von ihrem Standpunkte aus 90 Grad nach mehreren Richtungen erstreckt, deren Aus=

dehnung also so groß ist, daß der Mond zu derselben Zeit dem einen Theile im Zenith, dem andern im Horizonte steht. So hat er das leichtere Wasser unter sich, das schwerere in einem weiten Kreise rings umher und die ausgleichende Strömung muß Statt haben. Nur das große Weltmeer bietet den cosmischen Einflüssen diesen Spielraum und dort ist der Ursprung aller fluthenden Bewegung der Meere zu suchen; selbst im Atlantischen Ocean, zwischen dem mittleren Amerika und Afrika, heben in einer Entfernung von nicht 40 Graden die Continente schon die Wirkung der planetarischen Anziehungskraft auf, wie vielmehr in kleineren Meerbecken oder gar Binnenseen. Und dennoch ebbt und fluthet der atlantische Ocean — die Nordsee — ja selbst in geringem Grade das Mittelländische Meer. — Ja, aber die Fluthwelle, die in diese Gewässer dringt, steht nicht mehr unter dem Einflusse des Mondes. Der Wasserwall, der in der Südsee sich erhob und mit ungeheurer Schnelligkeit von Osten nach Westen rollte, tritt um das Cap der guten Hoffnung, einbiegend in den atlantischen Ocean, den er in nördlicher Richtung, Anfangs noch mit einer Geschwindigkeit von 120 geograph. Meilen in einer Stunde durchschreitet. Allmählich durch Küsten, Inseln und flachen Meeresgrund gehemmt, gelangt die Fluthwelle bis an den englischen Canal, pflanzt hier ihre Schwingung, nachdem sie zum Theil um die britischen Inseln herumgeeilt, in südlicher Richtung zwischen Schottland und Norwegen fort, während ein anderer Theil durch den Canal dringt, um an der Themsemündung mit dem erstern wieder zusammenzutreffen und an der deutschen und jütischen Küste anzuschlagen.

Es erklärt sich hierdurch vollkommen, wie in der Nordsee der höchste Stand des Wassers von der Culmination des Mondes durchaus unabhängig ist, wie die Springfluthen nicht mit Neu- und Vollmond zusammentreffen, sondern erst 36 bis 48 Stunden später erscheinen, wie endlich hier die Fluth in östlicher, nicht in westlicher Richtung fortschreitet, demnach etwa 2 Stunden später in Cuxhaven erscheint, als sie bei Norderney angelangt ist. Nicht in unsern Meeren entsteht die Fluth, oder wie sich ein anderer Darsteller*) treffend ausdrückt: nicht der hier eben hoch am Himmel stehende Mond zieht das Wasser empor, sondern der vor mehreren Tagen über den Stillen Ocean hinzog, blickt hier auf eine Nachwirkung seines dortigen früheren Einflusses herunter. Da übrigens alle 12 Stunden eine neue Fluthwelle in der Südsee erzeugt wird, die auf die oben angegebene Weise stets in derselben Zeitfolge sich entwickelt, so treffen überall die Fluthen in regelmäßigen Perioden nach einander ein, und können aller Orten nach dem Stande des Mondes

*) Die nordfriesischen Inseln vormals und jetzt, von G. Weigelt. Hamburg, 1858.

auf beliebig lange Zeit im Voraus berechnet werden. Am Norderneyer Strande ist zur Zeit des Neu- und Vollmondes um 10 Uhr, zur Zeit der Mondesviertel um 4 Uhr höchste Fluth. Die Springfluthen unterscheiden sich hier während der Sommermonate nicht erheblich von den gewöhnlichen Fluthen durch rascheres Anschwellen des Wassers zu etwas größerer Höhe, doch wird der Unterschied nur dem kundigen Beobachter bemerklich werden und selten den Erwartungen entsprechen, welche der Name erweckt. In das Watt gelangt die Fluth durch die Seegatte zu beiden Seiten der Inseln, und zwar folgt sie zunächst den Balgen und Tiefen, in denen dann, wie erwähnt, eine beträchtliche Strömung entsteht.

Die Höhe des Fluthenwechsels beträgt am Norderneyer Strande im Mittel 8 Fuß, im Watte am Norddeich 9 Fuß.

Während des Anschwellens pflegt auch die Bewegung des Wassers und der Wellenschlag am lebhaftesten zu sein; ganz besonders aber, wenn bei Hochwasser die im Becken der Nordsee gebildeten Wellen nicht auf den die Insel umgürtenden Sandbänken branden, sondern mit ungeschwächter Kraft an den Strand heranrollen können. Das Zurückschwanken der ganzen Wassermasse zur Zeit der Ebbe schwächt auch die Kraft der Wellen.

Die magischen Wirkungen, welche der Aberglaube der Insulaner der Erscheinung der Fluth zuschreibt — insofern sie unerklärliche Heilpotenzen den Leidenden zuführen, oder gar den Tod hintanhalten soll, so daß das scheidende Leben Sterbender erst auf den Eintritt der Ebbe warten müsse, ehe es vollends erlischt — kann begreiflicher Weise die Wissenschaft nicht anerkennen, die erwähnte Meinung wird überdies auch durch die nüchterne Erfahrung oft genug widerlegt.

Die ungeheure Wasserfläche, welche unsere kleine Insel umgiebt, theilt dem darauf ruhenden Luftmeere Eigenschaften mit, durch die es sich wesentlich von der Landluft unterscheidet. Vor Allem ist es die größere Feuchtigkeit, welche jedem Beobachter schon beim Athmen angenehm auffällt und die sich deutlicher durch sehr reichliche Thaubildung zeigt. Genaue psychrometrische Messungen haben den hohen Feuchtigkeitsgrad der Seeluft erwiesen, aus den Untersuchungen, welche C. F. v. Gräfe*) in Norderney anstellte, ging hervor, daß die Luft auf unserer Insel durchschnittlich um ein Drittheil reicher an Wassertheilchen sei, als zu derselben Zeit die Luft in Berlin.

Ein zweites Attribut der Luft an unserm Strande ist ihre Reinheit, vorzüglich wenn Seewinde das Element in seiner Ursprünglichkeit heranwehen,

*) Die Gasquellen Süditaliens und Deutschlands, von Carl Ferd. v. Gräfe. Berlin, 1842.

in das sich nicht der Erdenstaub, nicht der Rauch der Essen, noch der Hauch des Menschen mischte. In der Nähe des Wattes machen sich an heißen Tagen bei Südwind wohl die Effluvien des daselbst lagernden Schlickes bemerklich und lassen den Contrast der eigentlichen Seeluft um so deutlicher hervortreten.

Letztere erscheint ferner unter übrigens gleichen Meteor-Verhältnissen dichter und schwerer, als die Atmosphäre des Festlandes, welche genau mit der wachsenden Bodenerhebung an Leichtigkeit zunimmt.

Der Temperaturstand der Meeresluft erhält sich bezüglich der Tages- und Nachtzeit gleichförmiger, ist im Sommer allgemeinhin niedriger und im Winter höher, als der des Continental-Dunstkreises.

Endlich enthält die Seeluft auch eine ganz specifische Beimischung, auf der ihre berühmten Heilwirkungen wohl größten Theils beruhen, das Kochsalz. Diese Thatsache ist früher vielfach bestritten, indem man behauptete, Kochsalz könne nur durch ungewöhnliche Hitzegrade gezwungen werden, Verflüchtigungen einzugehen, die Salzpartikelchen, die man in der Meeresnähe der Luft beigemischt gefunden, seien durch Sturm und Wogen mechanisch hineingerissen und könnten nur kurze Strecken darin fortgeführt werden. Dieser Behauptung gegenüber ist von Anderen angeführt worden, daß sich Kochsalz durch Vermittlung des Wassers besonders leicht mit der Atmosphäre einigt, und daß diese Einigung durch endlose Verdunstungsflächen, durch fortwährend aufsteigende lösende Wassertheilchen, durch selten ruhende Wellenbewegung wesentlich unterstützt wird. Welche Ansicht aber auch die richtige sei, so viel steht fest, daß die Luft auf Norderney, zumal in der Nähe des Strandes, auch bei ruhigem Wetter und sanftem Wellenschlage Kochsalz enthält*).

Nach starken Stürmen wird zuweilen die Vegetation der ganzen Insel dadurch momentan zerstört, daß eine scharfschmeckende Salzlösung alle Blätter und Blüthen durchtränkt, so daß sie schwarz, wie von giftigem Hauche berührt, von ihren Stielen herabhängen. In solchem Falle kann freilich unbestritten nur von mechanisch mit fortgerissenen Seewassertheilchen die Rede sein.

---

*) Glasplatten, welche Schreiber Dieses in klaren Nächten der Nachtluft aussetzte, zeigten deutlich unter dem Mikroskope würfelförmige Krystalle, nachdem die kleinen Thautropfen, die sich gebildet hatten, verdunstet waren. Auch ist von demselben die Gegenwart des Kochsalzes auf chemischem Wege dadurch erwiesen gefunden, daß er mittelst eines Aspirators mehrere Cubikfuß Luft am Strande bei ruhigem hellem Herbstwetter durch eine kleine Menge ($1^1/_2$ Unzen) destillirten Wassers langsam durchstreichen ließ und dann mit einer Höllensteinlösung deutlich die Reaction auf Chlor erhielt.

Unter den Bestandtheilen der Seeluft wird constant auch Jod und Brom angeführt. So wahrscheinlich die Gegenwart dieser Stoffe auch ist, so haben sie in Norderney trotz mühevoller Untersuchungen auf chemischem Wege bis jetzt nicht nachgewiesen werden können. Gräfe a. a. O. nennt unter den Beimischungen der Seeluft noch Glairine und freie Salzsäure. Ueber den Ozongehalt des Norderneyer Luftmeeres sind einige Untersuchungen angestellt*), die aber nicht zu Ergebnissen geführt haben, auf die sich Vermuthungen irgend einer constanten Wirksamkeit gründen ließen. Es besteht seit einem Jahre auf der Insel eine durch die Munificenz des Königlichen Ministerii des Innern mit vorzüglichen Instrumenten ausgestattete meteorologische Beobachtungsstation nach Maßgabe der Dove'schen Regulative, deren Resultate zu erwarten sind.

Das Klima der Nordseeinseln ist wohl im Allgemeinen als ein feuchtes, mildes und gleichmäßiges zu bezeichnen, doch ist nicht zu übersehen, daß die unmittelbare Nähe des Meeres, obwohl im Ganzen als Regulator der Temperatur wirkend, auch zuweilen auffallende Sprünge derselben veranlassen kann, wenn zufällig kalte Strömungen von den Eismassen des Polarmeeres her in dasselbe eindringen. So geschieht es zuweilen an den wärmsten Tagen, daß bei dem sonnigsten blauen Himmel plötzlich sich ein schwerer grauer Seenebel von Norden daher wälzt, welcher Alles mit seinem kalten Hauche durchschauert. Die Küstenbewohner nennen diesen Nebel Seedak. Einen unbestreitbaren Einfluß auf sein Erscheinen haben die Fluthwellen, die mit den kälteren Wassermassen auch die eisige Luft herbeiführen.

Nach anhaltender Wärme sind starke, plötzlich auftretende Gewitterregen, heftige Stürme, in See sichtbare Wasserhosen keineswegs seltene Erscheinungen und erhöhen den Reiz der Beobachtung**). Während der Sommermonate sind Seewinde vorherrschend und immer erwünscht, da sie echte Seeluft und den herrlichen Wellenschlag bringen; anhaltender Süd- und Südostwind macht sich durch seine erschlaffende Wirkung bemerklich und führt uns zuweilen selbst Spuren des Moorrauches von dem ostfriesischen Geestlande zu. Trockene Sommer sind eine Plage für die Bewohner Norderney's, da sie leicht zu Mangel an Trinkwasser führen. Alles Wasser nämlich, welches die Brunnen der Insel und die in den Dünenthälern gegrabenen Cysternen

---

*) S.: Die Wirkung des Nordseebades, von Dr. Wiedasch. Hannover, 1858.

**) Das nächtliche Leuchten der See, welches in der warmen Jahreszeit oftmals beobachtet wird, geht, wie neuere Forschungen erwiesen haben, unzweifelhaft von Thieren, Seequallen, Polypen, Mollusken aus und wird daher im zoologischen Theile dieses Schriftchens seine Stelle finden

führen, ist durchgesickertes Regenwasser, welches, indem es den von den Wurzelfasern der Dünengräser durchwachsenen Sand und die unter den Dünen lagernde Dargschicht langsam durchdringt, Humustheile auflöst und dadurch eine gelbliche Färbung und einen etwas schwefligen Geschmack bekommt; die zahllosen Muschelfragmente, die in dem Dünensande zerstreut sind, verleihen dem Brunnenwasser außerdem eine sehr schwache Zugabe von Kalksalzen. So ist das nicht filtrirte Trinkwasser Norderney's zwar ein durchaus unschädliches, aber kein leckeres und erquickendes Löschmittel des Durstes, da ihm das klare Aussehen und die belebende Kohlensäure abgehen, welche dem Quellwasser bergiger Gegenden den unvergleichlichen Reiz verleihen.

I.

II.

Die Pflanzenwelt.

Die Vegetation unserer Insel gewährt bei oberflächlicher Betrachtung keinen erfreulichen Anblick; das blasse Colorit der meisten sie bildenden Pflanzenarten und die Dürftigkeit der Zahl ihrer Individuen bilden die wesentlichsten Characterzüge derselben und bewirken das öde, ja zuweilen wilde Ansehn einzelner Theile der Insel.

Aber trotz ihres dürftigen Aeußern bietet sie doch manche interessante Erscheinungen und manches Schöne dar; besonders aber müssen dem kundigen oder aufmerksamen Beobachter bald verschiedene Eigenthümlichkeiten in der Bildung vieler hier wachsender Pflanzen auffallen. — So zeigen z. B. manche derselben den unverkennbaren Character der Salzgewächse, und zwar sind dies nicht allein die eigentlichen salzsteten Pflanzen oder Halophyten im engern Sinne, sondern auch manche andere allgemein verbreitete Gewächse haben hier eine Bildung angenommen, welche der der Halophyten ähnlich ist, indem sie dickere Blätter wie gewöhnlich, eine mehr bläuliche Färbung u. s. w. zeigen. Andere hingegen zeigen einen auffallend niedrigen Wuchs, eine große Neigung zur Bildung niederliegender, ausläuferartiger Aeste und eine ungemein starke Entwickelung der Wurzel, Eigenschaften, welche man in anderen Floren nicht an ihnen wahrnimmt. Noch andere endlich überraschen durch ihr Vorkommen in dieser Oertlichkeit selbst, indem sie vergeblich auf dem benachbarten ostfriesischen Festlande gesucht werden.

Forschen wir den Ursachen dieser eigenthümlichen Erscheinungen nach, so ist zuerst das Vorkommen der salzliebenden Pflanzen leicht durch den durch das Meer selbst bewirkten Salzgehalt des Bodens der Insel zu erklären; das Auftreten der zweiten Erscheinung, des niedrigen Wuchses, der Bildung niederliegender, ausläuferartiger Aeste und der starken Entwickelung der Wurzel vieler Pflanzen mag dem Vegetiren derselben im leichten beweglichen Dünensande, ferner dem Einfluß der stark mit Feuchtigkeit und salzhaltigen Theilen geschwängerten heftigen Meereswinde zugeschrieben werden können; schwieriger aber mag für die dritte Erscheinung ein genügender Grund aufzufinden sein, und wir werden zur Erklärung derselben zuletzt auf die Beziehungen hingewiesen, in welchen unsere Insel mit den Küsten der benachbarten oder doch dem umgebenden Meere in geringerer oder größerer Entfernung angrenzenden Landstriche steht. Freilich mag es hierbei nicht immer leicht zu entscheiden sein, in wie weit wir das Meer als trennendes oder verbindendes Medium zu betrachten haben.

Unter diesen eigenthümlichen und complicirten Verhältnissen aber scheint es uns am Zweckmäßigsten zu sein, daß wir erst die Flora unserer Insel an und für sich betrachten, und sie dann, so weit es nöthig ist, mit den Floren der benachbarten Gebiete vergleichen.

Nach der auf den ersten Blick sich zeigenden Verschiedenheit des Bodens wollen wir dieselbe in drei Abtheilungen eintheilen, in die Flora der Dünen, der Dünenthäler und des Schlick- oder Marschgrundes (der Wiese), der Insel.

Was nun zuerst die Flora der Dünen betrifft, so ist dieselbe in der That eine dürftige zu nennen, und nicht blos bei oberflächlicher Betrachtung erscheint sie so, sondern sie bewährt diesen Character auch bei näherer Untersuchung. Aber eben durch diese Dürftigkeit, in Verbindung mit der Farblosigkeit oder wenigstens der blassen Färbung der sie bildenden Pflanzen, wird das eigenthümliche Ansehn der Insel, welches schon aus größerer Entfernung auffallen muß, bedingt.

Wir bemerken auf dem weißen oder doch hellen Grunde des Dünensandes mehr oder weniger zerstreute Rasen oder Büschel einiger mit kriechendem Wurzelstock versehenen Gräser oder Riedgräser: der **Ammophila arenaria** (seltener vertreten durch die **A. Baltica**), des **Elymus arenarius**, des **Triticum junceum** und **acutum**, der **Carex arenaria** und **disticha**, wozu noch als ebenfalls characteristisch die **Salix repens var. argentea** kommt. Diese wenigen Pflanzen bilden den eigentlichen Stamm der Dünenvegetation und mehrere derselben, namentlich die erstgenannten Gräser, zeichnen sich durch ein ganz besonders todtes und farbloses Ansehn aus. Ihre Halme, Blätter und Blüthen sind in der Art blaß gefärbt, daß nur ein näheres Herantreten und ein genaueres Betrachten darüber zu belehren vermag, ob sie wirklich noch leben und blühen oder schon abgestorben sind. Zwischen ihnen sind nun in geringerer oder größerer Häufigkeit verschiedene andere Pflanzen eingesprengt, zuerst die Halophyten: **Halianthus peploides** (welches indessen hauptsächlich nur am äußersten Dünenrande in der Nähe der Meeresküste sich zeigt), Cakile maritima, Salsola Kali und Schoberia maritima; ferner die der Inselflora eigenthümlichen oder doch zu den seltenen Gewächsen zu zählenden: Eryngium maritimum (hauptsächlich auf dem östlichen Theile der Insel), Helianthemum guttatum, Rosa pimpinellifolia, Anthyllis vulneraria var. maritima, Thalictrum flexuosum, Erythraea linariaefolia, Phleum arenarium, Koeleria glauca und Festuca arenaria; außerdem aber noch folgende allgemein verbreitete Gewächse: Viola tricolor und canina, Erodium cicutarium, Potentilla argentea, Vicia Cracca und lathyroides, Trifolium arvense, procumbens und repens, Scleranthus annuus und perennis, Spergula arvensis und pentandra, Lepigonum rubrum, Sedum acre, Galium Mollugo var. arenarium, Galium verum, Galium ochroleucum (vero-Mollugo), Erigeron acer, Artemisia Absynthium, Hypochaeris radicata, Thrincia hirta, Leontodon autumnalis, Sonchus arvensis, Hieracium umbellatum, Jasione montana, Campanula rotundifolia, Anagallis arvensis, Salix cinerea, Asparagus officinalis, Anthoxanthum odoratum, Agrostis stolonifera und vulgaris, Calamagrostis Epigeios, Corynephorus canescens, Avena praecox, Triodia decumbens, Festuca ovina, Hordeum murinum, Lolium perenne u. s. w. Unter ihnen sind durch die eigenthümliche Art ihrer Ausbildung, auf welche schon oben hingedeutet ist, nämlich durch die starke Ausbreitung der Wurzel, den auffallend niedrigen Wuchs und die Bildung ausläuferartiger Aeste besonders ausgezeichnet: Viola tricolor, Galium Mollugo, welches die var. arenaria bildet, Hieracium umbellatum, welches sich in den interessantesten Formen zeigt, Jasione montana, in der var. littoralis und Agrostis stolonifera, in sehr vielen Varietäten. Salix cinerea findet sich in einer sehr kleinen Form und Lolium perenne zeigt auffallende Varietäten.

Im Allgemeinen übrigens zeigt sich die Vegetation der Dünen um so ärmer an Arten und Individuen, je näher die Dünen selbst dem Meere, besonders aber dem östlichen Theile der Insel liegen, während sie dem Innern der Insel zu, namentlich aber an den dem festen Lande zugekehrten Seiten allmählich an Zahl der Arten und an Dichtigkeit der Individuen zunimmt.

Erfreulicher in mancher Hinsicht, als die Flora der Dünen, zeigt sich uns die Flora der Dünenthäler, und zwar ist sie nicht allein reicher an Arten, sondern auch schöner an Formen. Während nämlich zunächst die Elemente der Vegetation der Dünen sich in ihr wiederholen, treten zugleich noch viele neue Bestandtheile zu derselben hinzu.

Einerseits mag der Grund für diese Erscheinuug in der geschütztern Lage und der größern Feuchtigkeit des Bodens zu suchen sein, andrerseits liegt er jedenfalls zum Theil darin, daß häufig in den Thälern der dargige oder moorige Untergrund der Insel zu Tage tritt, wodurch sich das Auftreten vieler Formen der Moor- und Sumpfvegation erklärt. So zeigen sich hier z. B. mehr oder weniger häufig: **Calluna vulgaris, Erica Tetralix, Vaccinium uliginosum, Oxycoccus palustris, Drosera rotundifolia** und **intermedia, Parnassia palustris, Sagina nodosa, Empetrum nigrum, Hydrocotyle vulgaris, Epipactis palustris, Malaxis Loeselii, Juncus supinus, Eriophorum latifolium** und **angustifolium**, einige **Carices**, z. B. **Carex panicea, vulgaris** und **Oederi, Molinia coerulea, Nardus stricta, Lycopodium clavatum** u. s. w. Unter diesen aber finden wir außerdem noch **Ononis repens, Sagina stricta, Pyrola rotundifolia var. arenaria Pyrola minor, Euphrasia Odontites var. litteralis, Polygonum amphibium var. maritimum, Epipactis latifolia, Carex trinervis (C. Frisica Koch)**, ferner **Sagina procumbens, Linum catharticum, Radiola linoides. Pimpinella Saxifraga, Potentilla Tormentilla, Gentiana Amarella, Gentiana Pneumonanthe, Erythraea pulchella, Euphrasia officinalis, Centunculus minimus, Carex glauca, Phragmites communis** und andere. Von diesen sind nun allerdings mehrere, namentlich die letztgenannten, überall, wenigstens in der Flora des benachbarten ostfriesischen Festlandes häufig anzutreffen, andere, und zwar vorzüglich die erstgenannten, dagegen sind an und für sich selten und interessant, oder es muß doch das Vorkommen derselben auf dieser Stelle im höchsten Grade überraschen. Indem wir uns deshalb auch vorbehalten, auf diese interessante Erscheinung noch einmal zurückzukommen, wollen wir, bevor wir die Betrachtung der Flora der Dünenthäler verlassen, nur noch darauf aufmerksam machen, daß dieselbe sich dem äußern Ansehn, nach sehr vortheilhaft vor der der Dünen auszeichnet. Viele der genannten Pflanzen nämlich fallen entweder durch die Ueppigkeit der Formen, welche sie hier zeigen, oder durch die Häufigkeit der Individuen in Verbindung mit der Schönheit der Blumen beim ersten Anblick auf. So bildet z. B. in einigen Thälern die zierliche **Parnassia palustris** rasenartig verbreitete Exemplare, welche mit 10 bis 20 Blumen versehen sind, während unzählige Individuen der schönen **Pyrola rotundifolia** andere Thäler zieren und die Luft mit dem Aroma ihrer Blüthen erfüllen. **Erica Tetralix** mit ihren zart rosenroth gefärbten Blüthenglocken, **Oxycoccos palustris**, die Droseren, so wie die Erythräen erfreuen das Auge durch die Schönheit ihrer Formen oder die Farbe ihrer Blumen.

Wenden wir uns nun zuletzt zu der Flora der Marsch oder des Schlickgrundes der Insel, so müssen wir zunächst bemerken, daß dieselbe, wenn sie auch verhältnißmäßig reich an Pflanzen ist, doch im Allgemeinen die für die Gesammtvegetation unserer Insel am Wenigsten characteristischen Formen darbietet.

Ihrem Wesen nach ist sie nämlich zusammengesetzt aus der gewöhnlichen Wiesen- oder doch Marschwiesen-Vegetation und der Vegetation der Meeresküste des unmittelbar benachbarten Festlandes, und es ist deswegen von vornherein anzunehmen, daß die meisten ihrer Bestandtheile sich nicht nur auch an der Küste des ostfriesischen Festlandes vorfinden werden, sondern daß sie dort sogar bei der unendlich viel größeren Ausdehnung des Terrains in weit größerer Mannigfaltigkeit und reicherer Entwickelung der Formen anzutreffen sein werden. Wir dürfen deshalb auch durchaus eigenthümliche Arten in diesem Theile unseres Gebietes am wenigsten zu erwarten haben. Es geht übrigens derselbe seiner Lage und Beschaffenheit nach allmählich aus dem Dünenterrain in den dem festen Lande zugekehrten Meeresgrund oder Wattgrund über, und es erklärt sich hieraus von selbst, daß auch die Vegetation desselben hiernach modificirt ist, indem sie von der Seite der Insel her allmählich aus der Dünenflora in die der Wiese übergeht, nach der Wattseite hin dagegen einen ebenfalls allmählichen Uebergang der Wiesenflora in die dürftige Vegetation des schon periodisch vom Seewasser überspülten Schlickgrundes zeigt. Da wir schon die Flora der Dünen selbst betrachtet haben, so können für uns nur noch die beiden letztgenannten Modificationen von Interesse sein.

Die Hauptmasse des Rasens wird wie gewöhnlich durch einige überall verbreitete Gräser gebildet, durch **Poa pratensis** und **trivialis**, **Festuca elatior**, wie auf der Marsch häufig vertreten durch **Festuca arundinacea**, **Festuca rubra**, **Bromus mollis**, **Bromus racemosus**, **Holcus lanatus**, **Cynosurus cristatus**, **Dactylis glomerata**, **Agrostis stolonifera**, **Agrostis canina**, **Phleum pratense**, **Alopecurus pratensis** und auf feuchtern Stellen **Alopecurus geniculatus**, **Triticum repens** (auf den trockneren, mehr sandigen Stellen in höchst eigenthümlichen Formen vorkommend) u. s. w. Zu diesen treten zunächst hinzu die salzliebenden Glycerien, **Glyceria distans** und **maritima**, einige **Carices**, wie **Carex distans**, **vulgaris**, **panicea** und vorzüglich auf trockeneren, sandigeren Stellen **Carex Oederi**; außerdem die Cyperaceen: **Heleocharis palustris** und **uniglumis**, **Scirpus pauciflorus**, **Scirpus rufus**. **Schoenus nigricans**; die Juncaceen: **Juncus effusus**, **lamprocarpos**, **sylvaticus**, **alpinus**, **compressus** oder häufiger die Form **Gerardi**, ferner **Juncus bufonius**, welches auf sandigen Stellen die **var. insulanus** bildet. Ferner zeigen sich eingesprengt: **Triglochin palustre** und **maritimum**, **Atriplex latifolia** und **patula** (beide in unzähligen Varietäten), **Atriplex littoralis**, **Salicornia herbacea**; die schon genannten **Schoberia maritima**, **Polygonum aviculare**, **Plantago maritima**, **Coronopus**, **lanceolata** und **major**, **Armeria vulgaris**, **Statice Limonium** (selten), **Glaux maritima**, **Rhinanthus major**, **Euphrasia officinalis**, **Euphrasia Odontites var. litto-**

ralis, Pedicularis palustris, die schon genannten Erythräen, Leontodon autumnalis in der Wiesenform, Artemisia maritima, Cotula coronopifolia, Achillea Millefolium und Ptarmica, Gnaphalium uliginosum, Aster Tripolium, Bellis perennis, Inula Britannica, Oenanthe Lachenalii, Apium graveolens (vorzüglich an Grabenrändern), Trifolium repens, fragiferum und pratense, Ononis spinosa, Potentilla anserina, Lepigonum medium und marginatum, Sagina procumbens und stricta, Lychnis flos Cuculi, Cochlearia officinalis, Anglica und Danica, Nasturtium sylvestre und palustre, Ranunculus acris, sceleratus und auf feuchten Stellen Ranunculus Flammula und andere.

An den Ufern und in dem Wasser der einzelnen Gräben und Vertiefungen, welche den Wiesengrund durchziehen, finden sich: Scirpus maritimus mit der var. macrostachys, Scirpus Tabernaemontani und lacustris, Juncus effusus und maritimus, Lemna minor, Ruppia rostellata, Zannichellia palustris, einige Potamogetonen, Alisma Plantago, Scutellaria galericulata, Mentha aquatica, Myosotis palustris und caespistosa, Bidens tripartita, Epilobium parviflorum, Nasturtium officinale und amphibium u. s. w.

Unmittelbar an der Meeresküste und auf den Stellen, welche schon periodisch vom Seewasser überspült werden, bilden zuletzt Aster Tripolium und Salicornia herbacea fast noch die einzigen Bewohner, während noch weiter vom Lande entfernt auf dem Wattgrunde als äußerster Vorposten die interessante Zostera nana in großer Menge sich zeigt, indem ihre Verwandte, die Zostera marina, nur auf dem nördlich von der Insel gelegenen tiefern Meeresgrunde zu vegetiren scheint.

Die in der Nähe der Häuser vegetirenden Pflanzen, namentlich aber die dort befindlichen Bäume und Sträucher haben wir in den vorhergehenden Untersuchungen gänzlich mit Stillschweigen übergangen, und zwar aus dem Grunde, weil wir sie sämmtlich oder doch fast sämmtlich für nicht einheimisch, sondern nur für eingeführt und angepflanzt halten müssen; wir wollen hier nur der unter denselben befindlichen interessanten Weide, der Salix stipularis, welche gewöhnlich als auf unserer Insel wild wachsend angesehen wird, Erwähnung thun, indem wir uns vorbehalten, unten noch einmal auf dieselbe zurückzukommen.

Werfen wir nun nach der im Vorhergehenden gegebenen Characteristik der Flora der einzelnen Gebietstheile noch einen Rückblick auf die Gesammtvegetation unserer Insel, so muß uns außer den schon Anfangs angegebenen Eigenthümlichkeiten als hervorragendste Eigenschaft derselben die bunte

Mischung ihrer Bestandtheile auffallen. Wir finden nämlich in derselben auf dem verhältnißmäßig doch nur so kleinen Raume die Stellvertreter der Moor- und Heide-, der Geest-, Marsch- und Salzboden-Vegetation zusammengedrängt, und zwar sind sie sämmtlich in nicht geringer Anzahl und in nicht uninteressanten Arten vorhanden. Aber es scheinen denselben im Vergleich mit der Flora des zunächst liegenden ostfriesischen Festlandes offenbar noch fremdartige Bestandtheile beigemengt zu sein. So glauben wir als solche z. B. folgende bezeichnen zu müssen: **Thalictrum flexuosum, Helianthemum guttatum, Rosa pimpinellifolia, Eryngium maritimum, Galium Mollugo var. arenarium, Pyrola rotundifolia var. arenaria, Pyrola minor var., Salix stipularis, Carex trinervis, Phleum arenarium, Ammophila Baltica, Koeleria glauca, Festuca arenaria, Triticum pungens, acutum** und **littorale.** Diese aber bilden nach genauerer Vergleichung unserer Flora mit der der ferner liegenden Küstengebiete Theile einer eigenthümlichen Meeresdünenvegetation, welche sich, von England und Frankreich ausgehend, über die Niederlande bis zu den baltischen Küstengegenden erstreckt. Es ist hierbei gleichgültig, ob man die genannten Pflanzen sämmtlich als selbständige Arten oder theilweise nur als Varietäten weiter verbreiteter Species ansehen will, immer sind es die eigenthümlichen Formen, welche den angegebenen Verbreitungsbezirk bezeichnen.

Aus diesem Gesichtspunkt betrachtet, gewinnt auch das Vorkommen der oben erwähnten **Salix stipularis** auf unserer Insel größeres Interesse; auch diese zeigt zum Theil denselben Verbreitungsbezirk, indem sie sich nicht allein in England findet, sondern auch in den Niederlanden einheimisch ist, während sie der französischen Flora zu fehlen scheint. Ganz besonders interessant ist in dieser Beziehung auch **Carex trinervis**, welche von der französischen Küste über die der Niederlande bis zu unserm Gebiet verbreitet ist.

Wir haben schon bemerkt, daß die ebengenannten Pflanzen dem Festlande Ostfrieslands völlig fehlen, und daß ihr Vorkommen auf unsrer Insel um so mehr auffallen muß; es dürfte sich dieses indessen wohl leicht aus der Eigenthümlichkeit des Bodens, auf welchem sie vegetiren, erklären, denn auch das ostfriesische Festland selbst zeigt in einzelnen Pflanzenarten ähnliche Erscheinungen der Uebereinstimmung seiner Flora mit der der genannten Küstengebiete; so nennen wir in dieser Beziehung z. B. nur die dort häufig sich findende **Cotula coronopifolia**, die **Corydalis claviculata**, vor allen aber die interessante **Primula acaulis** und **Endymion nutans**, von welchen namentlich erstere nicht allein nicht, wie Meyer in der **Flora Hanoverana excursoria** irrthümlich angiebt, aus Gärten stammt, sondern sogar gegenwärtig durch häufiges Verpflanzen von ihren natürlichen Standorten in die Gärten fast ausgerottet ist.

Wir glauben durch die angeführten Beispiele auch diese interessante Eigenthümlichkeit der Flora unserer Insel genügend hervorgehoben zu haben, und wenden uns nun zu einer kurzen Betrachtung der im Gebiete derselben sich findenden kryptogamischen Gewächse. Von ihnen aber nehmen die auf dem Lande wachsenden, den Classen der Pilze, Flechten, Laub= und Leber=moose, so wie den der Gefäßkryptogamen angehörenden Pflanzen eine so untergeordnete Stelle ein, indem sie in so geringer Anzahl und in so wenig bemerkenswerthen Formen vorkommen, daß wir sie gänzlich mit Stillschweigen übergeben zu können glauben, und uns deswegen auf eine kurze Betrachtung der in der Umgebung unserer Insel sich zeigenden kryptogamischen Wasserpflanzen oder Meeres=Algen beschränken wollen.

Von diesen werden mit jeder Fluth, namentlich aber bei heftigeren Winden und der daraus folgenden stärkeren Bewegung des Wassers zahlreiche Individuen an den Strand der Insel geworfen, wo sie dann mit Leichtigkeit aufzunehmen und zu untersuchen sind. Es versteht sich indessen hiernach wohl schon von selbst, daß sowohl die Zahl ihrer Arten, wie auch die ihrer Individuen eine sehr verschiedene, gewissermaßen unbegrenzte sein muß, indem bei ruhigem Wetter nur die in der Nähe der Insel vegetirenden, bei heftigen Stürmen aber auch häufig manche in den entferntesten Regionen des Meeres wachsende Formen herbeigeführt werden müssen, weshalb wir uns denn auch darauf beschränken wollen, im Folgenden nur auf diejenigen aufmerksam zu machen, welche sich durch ihre Häufigkeit oder Schönheit besonders auszeichnen. — Als solche nennen wir: **Fucus vesiculosus**, er bildet, in größter Häufigkeit vorkommend, stets die Hauptmasse des Auswurfes der See, **Fucus ceranoides**, **Fucus serratus**, **Fucus canaliculatus**, **Himanthalia lorea**, **Ozothallia nodosa**, **Halydris siliquosa**, **Cistoseira fibrosa**, **Alaria esculenta**, **Laminaria digitata** und **sacharina**, **Chorda Filum**, ein wunderbares Gebilde, welches fast nie fehlt, und einem langen schlüpfrigen Band oder Wurm ähnlich ist, **Chordaria flagelliformis**, **Cladostephus Myriophyllum**, **Sphacelaria plumosa**, **Phycodris sinuosa**, **Hypoglossum alatum** und **Delesseria sanguinea**, durch die Schönheit ihrer Färbung und Gestalt ausgezeichnet, **Plocamium coccineum**, ebenfalls durch seine Schönheit besonders ausgezeichnet, **Sphaerococcus palmatus** und **confervoides**, **Cystoclonium purpurascens**, **Rhodomela subfusca**, mehrere Polysiphonien, **Laurencia dasyphylla**, **Halymenia ligulata**, **Chondrus crispus**, **Phyllophora Brodiei** und **membranifolia**, **Ptilota plumosa**, **Ceramium strictum**, **Griffittisia setacea**, **Callithamnion Plumula**, **Callithamnion tetragonum**, **Phycoseris Lingua**, **Porphyra vulgaris**, **Dyctiosiphon foeniculaceus**, **Enteromorpha compressa** und **complanata** u. s. w. Es mögen diese genügen, um zu zeigen, daß auch von diesen interessanten Gebilden unsere Insel einen ansehnlichen Stoff zur Unterhaltung und zum ernsteren Studium darbietet.

Schließlich geben wir ein möglichst vollständiges systematisches Verzeichniß sämmtlicher auf der Insel bisher beobachteten phanerogamischen Pflanzen, worin wir auch diejenigen aufnehmen, welche wir in den oben gegebenen Uebersichten nicht genannt haben. Während wir bemerken müssen, daß einige wenige der in diesem Verzeichniß genannten Arten gegenwärtig entweder gar nicht mehr oder doch nur sehr spärlich in einzelnen, für ihre Entwickelung besonders günstigen Jahren anzutreffen sein werden, zweifeln wir auf der andern Seite nicht daran, daß dasselbe durch fortgesetzte Beobachtungen noch stets bereichert werden wird, indem manche, namentlich gemeine Pflanzen noch übersehn oder vergessen sind, andere aber auch noch durch Schutt u. s. w. zugeführt werden mögen.

I. Familie der Ranunculaceen.

1. Thalictrum flexuosum Bernh. (früher Th. minus var.) 1.
2. Ranunculus aquatilis L. 2.
 „ Flammula L. 3.
 „ acris L. 4.
 „ sceleratus L. 5.

II. Familie der Cruciferen.

3. Nasturtium officinale R. Br. 6.
 „ amphibium R. Br. 7.
 „ anceps D. C. 8.
 „ palustre D. C. 9.
4. Sisymbrium officinale Scop. 10.
 „ Sophia L. 11.
5. Brassica nigra Koch. 12.
6. Sinapis arvensis L. 13.
7. Cochlearia officinalis L. 14.
 „ Danica L. 15.
 „ Anglica L. 16.
8. Thlaspi arvense L. 17.
9. Lepidium ruderale L. 18.
10. Capsella Bursa pastoris Much. 19.
11. Cakile maritima L. 20.
12. Crambe maritima L. (ist seit mehreren Jahren nicht mehr gefunden) 21.

III. Familie der Cistineen.

13. Helianthemum guttatum Mill. 22.

IV. Familie der Violarieen.

14. Viola canina L. 23.
„ tricolor L. 24.

V. Familie der Droseraceen.

15. Drosera rotundifolia L. 25.
„ intermedia Hayn. 26.

VI. Familie der Parnassieen.

16. Parnassia palustris L. 27.

VII. Familie der Polygaleen.

17. Polygala vulgaris L. 28.

VIII. Familie der Sileneen.

18. Lychnis flos Cuculi L. 29.
„ vespertina Sibth. 30.

IX. Familie der Alsineen.

19. Sagina procumbens L. 31.
„ stricta Fr. 32.
„ nodosa E. Mey. 33.
20. Spergula arvensis L. 34.
„ pentandra L. 35.
21. Lepigonum rubrum Wahlb. 36.
„ medium Wahlb. 37.
„ marginatum Koch. 38.
22. Halianthus peploides Fr. 39.
23. Stellaria media Vill. 40.
„ graminea L. 41.
24. Cerastium triviale Lk. 42.

X. Familie der Lineen.

25. Linum catharticum L. 43.
26. Radiola linoides Gm. 44.

XI. Familie der Malvaceen.

27. Malva rotundifolia L. (M. vulgaris Fr.) 45.

XII. Familie der Tiliaceen.

28. Tilia grandifolia 46.

XIII. Familie der Geraniaceen.

29. Erodium cicutarium l'Herit. 47.

XIV. Familie der Papilionaceen.

30. Ulex Europaeus L. (wohl jetzt nicht mehr vorhanden) 48.
31. Ononis spinosa L. 49.
 „ repens L. 50.
32. Anthyllis maritima Schweigg. (A. Vulneraria var.) 51.
33. Trifolium pratense L. 52.
 „ arvense L. 53.
 „ fragiferum L. 54.
 „ repens L. 55.
 „ procumbens 56.
34. Lotus corniculatus L. 57.
35. Vicia Cracca L. 58.
 „ sepium L. 59.
 „ sativa L. 60.
 „ lathyroides L. 61.
36. Lathyrus pratensis L 62.

XV. Familie der Rosaceen.

37. Geum urbanum L. 63.
38. Rubus caesius L. 64.
39. Potentilla anserina L. 65.
 „ argentea L. 66.
 „ Tormentilla Sibth. 67.
40. Rosa pimpinellifolia L. 68

XVI. Familie der Pomaceen.

41. Crataegus Oxyacantha L. 69.

XVII. Familie der Onagrarieen.

42. Epilobium angustifolium L. 70.
" parviflorum Schreb. 71.
" montanum L. 72.

XVIII. Familie der Callitrichineen.

43. Callitriche verna L. 73.

XIX. Familie der Lythrarieen.

44. Lythrum Salicaria L. 74.

XX. Familie der Cucurbitaceen.

45. Bryonia alba L. 75.

XXI. Familie der Scleranthееn.

46. Scleranthus annuus 76.
" perennis 77.

XXII. Familie der Crassulaceen.

47. Sedum acre L. 78.

XXIII. Familie der Umbelliferen.

48. Hydrocotyle vulgaris L. 78.
49. Eryngium maritimum L. 79.
50. Apium graveolens L. 80.
51. Aegopodium Podagraria L. 81.
52. Pimpinella Saxifraga L. 82.
53. Oenanthe Lachenalii Gm. 83.
54. Aethusa Cynapium L. 84.
55. Anethum graveolens L. (auf Schutt zufällig verwildert) 85.
56. Daucus Carota L. 86.
57. Torilis nodosa Gaertn. 87.

XXIV. Familie der Araliaceen.

58. Hedera Helix L. 88.

XXV. Familie der Caprifoliaceen.

59. Sambucus nigra L. 89.
60. Lonicera Periclymenum L. 90.

XXVI. Familie der Rubiaceen.

61. Galium Mollugo var. arenarium (G. neglectum. Le Gall. fl. Morb. inéd., Grèn. et Godr. Fl. Française) 91.
„ verum L. 92.
„ ochroleucum Wolf. (G. vero-Mollugo.) 93.
„ saxatile L. 94.

XXVII. Familie der Compositen.

62. Tussilago Farfara L. 95.
63. Aster Tripolium L. 96.
64. Bellis perennis L. 97.
65. Erigeron acer L. 98.
66. Inula Britannica L. 99.
67. Bidens tripartita L. 100.
68. Filago minima Fr. 101.
69. Gnaphalium uliginosum L. 102.
70. Artemisia Absynthium L. 103.
„ vulgaris L. 104.
„ maritima L. 105.
71. Cotula coronopifolia L. 106.
72. Achillea Millefolium L. 107.
„ Ptarmica L. 108.
73. Anthemis arvensis L. 109.
„ Cotula L. 110.
74. Matricaria Chamomilla L. 111.
75. Chrysanthemum inodorum L. 112.
76. Senecio vulgaris L. 113.
„ sylvaticus L. 114.
77. Cirsium lanceolatum Scop. 115.
„ palustre. Scop. 116.
„ arvense Scop. 117.
78. Lappa major Gaertn. 118.
79. Thrincia hirta Roth. 119.
80. Leontodon autumnalis L. 120.
„ hastilis L. 121.
81. Hypochaeris radicata L. 122.
82. Taraxacum officinale Edigg. 123.
83. Sonchus oleraceus L. 124.
„ asper L. 125.

Sonchus arvensis L. 126.
84. Hieracium Pilosella L. 127.
" umbellatum L. varr. 128.

XXVIII. Familie der Campanulaceen.

85. Jasione montana L. var. littoralis 129.
86. Campanula rotundifolia L. 130.

XXIX. Familie der Vaccinieen.

86. Vaccinium uliginosum L. 131.
87. Oxycoccos palustris Pers. 132.

XXX. Familie der Ericineen.

88. Calluna vulgaris Salisb. 133.
89. Erica Tetralix L. 134.

XXXI. Familie der Pyrolaceen.

90. Pyrola rotundifolia L. var. arenaria 135.
" minor L. var. arenaria 136.
91. Monotropa Hypopitys L. 137.

XXXII. Familie der Gentianeen.

92. Gentiana Pneumonanthe L. 138.
" Amarella L. 139.
93. Erythraea linariaefolia Pers. 140.
" pulchella Fr. 141.

XXXIII. Familie der Convolvulaceen.

94. Convolvulus sepium L. 142.
" Soldanella L. (sehr selten) 143.

XXXIV. Familie der Borragineen.

95. Lycopsis arvensis L. 144.
96. Echium vulgare L. 145.
97. Myosotis palustris L. 146.
" caespitosa L. 147.

XXXV. Familie der Solanaceen.

98. Solanum nigrum L. 148.
" Dulcamara L. 149.

XXXVI. Familie der Scrophularineen.

99. Linaria vulgaris Mill. 150.
100. Veronica Chamaedris L. 151.
„ officinalis L. 152.
„ hederaefolia L. 153.
101. Pedicularis palustris L. 154.
102. Rhinanthus major Ehrh. 155.
103. Euphrasia officinalis L. 156.
„ Odontites L. var. littoralis 157.

XXXVII. Familie der Labiaten.

104. Mentha aquatica L. 158.
„ arvensis L. 159.
105. Glechoma hederacea L. 160.
106. Lamium amplexicaule L. 161.
107. Scutellaria galericulata L. 162.
108. Prunella vulgaris L. 163.
109. Ajuga reptans L. 164.

XXXVIII. Familie der Primulaceen.

110. Anagallis arvensis L. 165.
111. Centunculus minimus L. 166.
112. Glaux maritima L. 167.

XXXIX. Familie der Plumbagineen.

113. Armeria vulgaris Willd. 168.
114. Statice Limonium L. 169.

XXXX. Familie der Plantagineen.

115. Plantago major L. 170.
„ media L. 171.
„ lanceolata L. 172.
„ maritima L. 173.
„ Coronopus L. 174.

XXXXI. Familie der Chenopodiaceen.

116. Schoberia maritima C. A. M. 175.
117. Salsola Kali L. 176.

118. Salicornia herbacea L. 177.
119. Chenopodium album L. 178.
120. Atriplex latifolia Wahlb. 179.
" patula L. 180.
" laciniata L. 181.
" littoralis L. 182.

XXXXII. Familie der Polygoneen.

121. Rumex maritimus L. 183.
" conglomeratus Murr. 184.
" obtusifolius L. 185.
" crispus L. 186.
" Acetosa L. 187.
" Acetosella L. 188.
122. Polygonum amphibium L. var. maritimum 189.
" lapathifolium L. 190.
" Persicaria L. 191.
" Hydropiper L. 192.
" aviculare L. 193.
" Convolvulus L. 194.
" dumetorum L. 195.

XXXXIII. Familie der Empetreen.

123. Empetrum nigrum L. 196.

XXXXIV. Familie der Euphorbiaceen.

124. Euphorbia helioscopia L. 197.
" Peplus L. 198.

XXXXV. Familie der Urticeen.

125. Urtica urens L. 199.
" dioica L. 200.

XXXXVI. Familie der Cannabineen.

126. Humulus Lupulus L. 201.

XXXXVII. Familie der Ulmaceen.

127. Ulmus campestris L. 202.

XXXXVIII. Familie der Salicineen.

128. Salix alba L. 203.
„ undulata Ehrb. 204.
„ triandra L. 205.
„ viminalis L. 206.
„ stipularis L. 207.
„ cinerea L. 208.
„ aurita L. 209.
„ repens L. var. argentea 210.
„ ambigua Ehrb. 211.
129. Populus tremula L. 212.

XXXXIX. Familie der Betulaceen.

130. Betula alba L. 213.
„ pubescens Ehrb. 214.
131. Alnus glutinosa L. 215.

L. Familie der Alismaceen.

132. Alisma Plantago L. 216.

LI. Familie der Juncagineen.

133. Triglochin palustre L. 217.
„ maritimum L. 218.

LII. Familie der Potameen.

134. Potamogeton pusillus L. 219.
„ marinus L. 220.
135. Ruppia maritima L. (zweifelhaft) 221.
„ rostellata Koch. 222.
136. Zannichellia palustris L. 223.

LIII. Familie der Najadeen.

137. Zostera marina 224.
„ nana Roth. 225.

LIV. Familie der Lemnaceen.

138. Lemna minor L. 226.

LV. Familie der Orchideen.

139. Liparis Loeselii Rich. 227.
140. Epipactis palustris 228.
     „ latifolia 229.

LVI. Familie der Smilaceen.

141. Asparagus officinalis L. 230.

LVII. Familie der Juncaceen.

142. Juncus maritimus Lam. 231.
     „ conglomeratus L. 232.
     „ effusus L. 233.
     „ sylvaticus Reich. 234.
     „ lamprocarpos Ehrh. 235.
     „ alpinus Vill. 236.
     „ supinus Much. 237.
     „ compressus Jacq. 238.
     „ Gerardi Lois. 239.
     „ bufonius L. nebst der var. fasciculatus Ehrh. (insulanus Viv.) 240.

LVIII. Familie der Cyperaceen.

143. Schoenus nigricans L. 241.
144. Heleocharis palustris R. Br. 242.
     „ uniglumis Lk. 243.
145. Scirpus pauciflorus Lightf. 244.
     „ lacustris L. 245.
     „ Tabernaemontani Gmel. 246.
     „ maritimus L. nebst der var. macrostachys 247.
     „ rufus Schrad. nebst der var. bracteatus 248.
146. Eriophorum latifolium Hoppe 249.
     „ angustifolium Roth. 250.
147. Carex disticha Huds. 251.
     „ arenaria L. 252.
     „ caespitosa L. 253.
     „ vulgaris Fr. 254.
     „ trinervis Desgl. (Frisica H. Koch) 255.
     „ flava L. 256.

Carex Oederi Ehrh. 257.
„ Hornschuchiana Hoppe 258.
„ distans L. 259.
„ glauca Scop. 260.
„ panicea L. 261.

LIX. Familie der Gramineen.

148. Anthoxanthum odoratum L. 262.
149. Alopecurus pratensis L. 263.
„ geniculatus L. 264.
150. Phleum arenarium L. 265.
„ pratense L. 266.
151. Polypogon littoralis Sm. (seit langer Zeit nicht mehr gesehn) 267.
152. Agrostis stolonifera L. et varr. 268.
„ vulgaris With. 269.
„ canina L. 270.
153. Calamagrostis Epigeios Roth. 271.
154. Ammophila arenaria Lk. 272.
„ Baltica Lk. 273.
155. Phragmites communis nebst der var. repens 274.
156. Koeleria glauca D. C. 275.
157. Corynephorus canescens P. Beauv. 276.
158. Holcus lanatus L. 277.
159. Avena praecox P. Beauv. 278.
160. Triodia decumbens P. Beauv. 279.
161. Poa annua L. 280.
„ trivialis L. 281.
„ pratensis L. 282.
162. Glyceria maritima M. et K. 283.
„ distans Wahlb. 284.
„ fluitans R. Br. 285.
163. Molinia coerulea M. et K. 286.
164. Dactylis glomerata L. 287.
165. Cynosurus cristatus L. 288.
166. Festuca ovina L. var. 289.
„ rubra L. 290.
„ arenaria Osb. 291.
„ arundinacea Schreb. 292.

Festuca elatior L. 293.
167. Bromus secalinus L. 294.
" mollis L. 295.
168. Triticum junceum L. 296.
" acutum D. C. 297.
" littorale Host. 298.
" repens L. 299.
169. Elymus arenarius L. 300.
170. Hordeum murinum L. 301.
171. Lolium perenne L. 302.
172. Nardus stricta L. 303.

III.

Die Thierwelt Norderney's.

1. Die Säugethiere.

Die Beschaffenheit und die Lage der friesischen Eilande sind der Entwickelung einer formen- und artenreichen Thierwelt nicht günstig; ihr dürftiger Pflanzenwuchs gewährt ihr weder Schutz noch Nahrung. Außer den wenigen Hausthieren sieht man daher auf unserer Insel kein Landsäugethier, als das wilde Kaninchen (**Lepus cuniculus**), welches in ansehnlicher Menge die Dünen bewohnt. Dies hübsche Geschöpf wird etwas mehr als einen Fuß lang, ist von grauröthlicher Farbe, dabei kurzbeiniger und kurzohriger als der Hase. Es gräbt ausgedehnte Gänge in den Dünensand, vor deren Ausgängen es sich spielend umhertummelt und die harten, sparrigen Strandgräser benagt. Die Jagd auf diese Thiere bildet ein beliebtes Vergnügen der Badegäste auf Norderney, erfordert aber einige Geduld und Uebung im Schießen. So viele ihrer auch während der Badezeit geopfert werden, sie vermehren sich bei ihrer Fruchtbarkeit (sie werfen vier- bis fünfmal im Jahr je 4—6 Junge) dennoch immer von Neuem.

Zwei interessante Säugethiere niederer Ordnungen dagegen ernährt das umgebende Meer, den gemeinen Seehund und den Tümmler.

Der Seehund (**Phoca vitulina L.**) wird höchstens fünf Fuß lang, besitzt ein sehr entwickeltes Raubthiergebiß, einen breiten, einer Fischotter ähnlichen Kopf und einen walzenförmigen, nach hinten an Umfang abnehmenden Leib. Die kurzen Vorderfüße sind fünfzehig und mit Schwimmhäuten und Krallnägeln versehen. Die Hinterfüße sind ganz verkümmert, schaufelförmig und besitzen längere äußere und kürzere innere Zehen mit schmalen,

Fig. I. Der Seehund der Nordsee (Phoca vitulina).

etwas abgeplatteten Nägeln. Zwischen den Hinterfüßen befindet sich ein nur durch wenige Wirbel gestützter, sehr kurzer Schwanz. Statt der äußeren Ohren bemerkt man an den eigentlichen Seehunden nur schmale, wulstige Spalten, welche, mit Schließmuskeln versehen, dem Wasser den Zutritt verwehren. Die Augen sind groß, liegen nahe bei einander, haben eine längliche Pupille und einen eigenthümlich ansprechenden Ausdruck. Das kurze, dichtstehende Haar der **Phoca vitulina** ist graubräunlich, am Bauche heller gefärbt und mit kleinen dunklen Flecken bestreut, die oft mehr oder minder ineinanderlaufen. Alter und Standort erzeugen jedoch manche Verschiedenheiten in der Färbung.

Bei den häufigen Verfolgungen, welche das Thier in diesen Gewässern erleidet, erscheint es niemals in größeren Gesellschaften; einzelne Individuen und kleinere Truppe besuchen aber noch immer den Strand der weniger belebten Inseln, so wie die zwischen ihnen liegenden, zur Ebbezeit mehr oder weniger von Wasser entblößten Sandbänke, auf denen sie in voller Behaglichkeit ausruhen (s. Fig. I.). Ihr Gehör- und Geruchssinn besitzen große Schärfe, und bei der geringsten Gefahr begeben sie sich in das nahe Wasser, indem sie den Körper vermittelst ihrer Vorderfüße vorwärts schieben und die Hinterfüße nachschleppen lassen. Sie können geschickt und lange tauchen; ihre sackartig erweiterte Hohlvene, in welcher der Rückstrom des Blutes zum Herzen verzögert wird, macht es ihnen möglich, mehrere Minuten lang in der Tiefe des Meeres auszudauern. Ihre Nahrung besteht in mancherlei Fischen, und sie stellen an den hiesigen Küsten hauptsächlich den Butten (**Rhombus**) nach. Dieses Aufsuchen der Nahrung wird ihnen durch ein in starken, an der Spitze verdickten Bartborsten befindliches und sehr entwickeltes Spürvermögen erleichtert. Sie paaren sich im Juli, und die Weibchen werfen im nächsten Frühjahre ein Junges, welchem sie sehr zugethan sind.

Die Jagd auf Seehunde gewährt ein interessantes und romantisches Vergnügen. Man läßt sich in einer Jolle nach einer der von ihnen besuchten Sandbänke, mit Beobachtung der bei Jägern üblichen Vorsicht, hinrudern und bemächtigt sich des dort ruhenden Thieres durch einen wohlgezielten Büchsenschuß. Auf dem Meere strecken sie öfter den Kopf neugierig aus dem Wasser empor, tauchen aber blitzschnell unter und schwimmen augenblicklich davon, sobald sie etwas Verdächtiges bemerken. Hier bietet ihre Jagd ernste Schwierigkeiten dar.

Die Insulaner beschleichen jüngere, unerfahrene Individuen zuweilen am Strande, erschlagen sie mit Stöcken oder fangen sie lebendig und bieten sie den Badegästen für einen soliden Preis zum Verkauf an. Die Gelehrigkeit und Zähmbarkeit dieser gefangenen Seehunde ist hinlänglich bekannt.

Seltener finden sich hier zwei andere Robbenarten, die ähnlich gefärbte,

6—7 Fuß lange **Phoca hispida Schreb.** und die weißlich gefleckte, kaum 4 Fuß lange **Ph. annellata Nilss.** Letztere ist als ein häufiger Bewohner der baltischen Skären bekannt.

Der Tümmler oder das Meerschwein (**Phocaena communis F. Cuv.**) gehört zu den delphinartigen Walthieren (**Cetacea**). Von den echten Delphinen (**Delphinus**) unterscheidet sich die Gattung **Phocaena** durch einen starken gewölbten Kopf, den Mangel eines tiefern Einschnittes am Stirnbein, sowie eine bedeutende Anzahl von (80 und mehr) kegelförmigen Zähnen. Uebrigens besitzen die Phocänen den spindelförmigen, nach hinten in eine breite, horizontale Schwanzflosse oder Finne auslaufenden Körper, zwei nicht weit vom Kopfe entfernte Brust- und eine zwischen ihnen und dem Schwanz liegende, sichelförmige Rückenfinne. Die glatte Haut ist oben schwärzlich, mit bläulichem oder violettem Schiller, unten reinweiß gefärbt. Der wulstige Kieferrand zeigt bisweilen eine röthliche Färbung. Die Länge des Thieres beträgt 4—5 Fuß (s. Fig. II.). Der Tümmler ist schon öfters von Anatomen zergliedert worden. Seine Sinne besitzen, wenn auch alle vorhanden sind, keine bedeutende Schärfe. Er athmet, wie die übrigen Walthiere, durch den mit musculösen Taschen in Verbindung stehenden Nasencanal, durch welchen zugleich das beim Schwimmen und Ergreifen der Beute in die Rachenhöhle gedrungene Wasser ausgeworfen wird.

Fig. II.

Fig. III.

Der Tümmler oder das Meerschwein (Phocaena communis).

Tümmler bewohnen die ganze Nordsee in zahlreichen Gruppen und sind selbst bei der Insel Neuwerk am Ausfluß der Elbe noch häufig genug. Sie halten sich gern in der Nähe von Küstenorten auf und erscheinen z. B. vor dem Landungsplatze von Norderney dutzendweise. Sie begleiten die ein- und auslaufenden Schaluppen und belustigen durch ihre seltsamen Sprünge, welche sie vermittelst ihrer horizontalen Schwanzfinne auszuführen vermögen, und woher sich auch ihr Name schreibt. Sie entwickeln vorzüglich bei herannahenden Stürmen eine große Lebhaftigkeit, indem sie gegen die Veränderungen der Witterung sehr empfindlich sind. Als sehr gefräßige Raubthiere vertilgen sie eine bedeutende Menge Fische. Längeres Untertauchen wird ihnen durch ähnliche Verhältnisse im Gefäßsystem ermöglicht, wie sie beim Seehunde beschrieben worden sind.

Die Paarung der Tümmler findet in den Sommermonaten statt; über die Tragezeit scheint noch nichts mit hinlänglicher Sicherheit festgestellt worden zu sein. Das Weibchen wirft je ein Junges, dessen Kopf eine Zeit lang nach der Geburt eine in einem Winkel von der Längenachse des Körpers abweichende Stellung beibehält (s. Fig III.), eine Stellung, welche das Säugen erleichtern hilft, dessen Verrichtungen übrigens durch schwellbare und mit ausspritzenden Muskeln versehene Brustwarzen von Statten gehen.

Auch auf diese Thiere wird zuweilen von den Besuchern der Badeinsel Jagd gemacht. Sie werden vom Verdeck der Schaluppen aus mit der Büchse erlegt, was viele Aufmerksamkeit erfordert. Die tödtlich verletzten Individuen sinken gewöhnlich unter und werden dann gelegentlich von den Wogen ausgespült. Die Insulaner stellen den Tümmlern wegen ihres einen feinen Thran liefernden Speckes nach, fangen sie aber selten in ihren Netzen, welche diese Thiere meist klüglich zu vermeiden wissen. Nur hin und wieder verirren sich auch andere, größere Delphinarten aus ferneren Meerestheilen in diese Gegenden der Nordsee.

2. Die Vögel

Die Vogelwelt wird schon von unserer Phantasie so innig mit einer üppigen Vegetation verknüpft, daß ihr die öden, sturmgepeitschten Flächen Norderney's und der anderen friesischen Inseln von vornherein keine günstige Heimat versprechen. Ihre ganze Bodennatur eignet diese Inseln nicht sonderlich zu Brüteplätzen für Vögel. Zwar nisten kleinere Vögel in den Dächern der Häuser, zwischen den niedrigen Gebüschen der Dünen und in dem Laubwerk der wenigen, die Kurhausanlagen von Norderney schmückenden Bäume. Auch wählen Möven und andere eigentliche Seevögel die steilen, beinahe unzugänglichen Sanddünen zu solchem Zwecke. Die meisten dieser

Thiere aber brüten in den Wiesen und Hainen der benachbarten Küste und halten sich auf den Inseln nur besuchsweise auf.

Die Könige der befiederten Völker, die kühnen Aare, beherrschen auch hier das Gebiet der Lüfte. Da ruhen stolz die Seeadler (**Haliaëtos albicilla Sav.**) auf ihren Horsten im Wipfel der Elsenbäume und schwingen sich dem nahen Meere zu; beutegierig spähen sie umher und fahren unter die entsetzt auseinanderflatternden Vogelplebejer oder stoßen aus luftigen Höhen auf das stumpfsinnige Volk der Fische mit so blinder Wuth herab, daß sie sich, der Sage nach, zuweilen mit den Fängen in dem schuppigen Rücken derselben festhaken und von den plumpen Bestien in die Tiefe gerissen werden sollen.

Eine Aristokratie von leichtbeschwingten Wanderfalken (**Falco peregrinus Gm.**) macht den königlichen Adlern die Alleinherrschaft unter dem Himmel streitig. Sie erwählen dieselben Brüteplätze und jagen an der Küste wie auf den Inseln, wo ihnen mancherlei kleine Arten als Beute zufallen. Die Federn dieser Raubvögel finden sich häufig genug an den wenig belebten Strandgegenden von Norderney.

In dunkelnder Nacht schwärmt leichten Fluges die Schleiereule (**Strix flammea L.**) umher, schön gezeichnet und mit einem großen Federkranz oder Schleier um die Augen versehen. Sie sucht auf den Böden der Fischerwohnungen ihr Unterkommen und nährt sich von kleinen Vögeln, Mäusen und vielleicht auch von Käfern.

In den Dünen haust ein Volk munterer Sänger (**Sylviae**). Ihr nicht sehr melodischer, aber fröhlicher Gesang ertönt mit dem ersten Sonnenstrahl und belebt die öde Stille, welche sonst nur vom Getöse des fluthenden Meeres unterbrochen wird. Ihre meist nicht kunstvollen Nester werden in niedrigen Gebüschen angebracht und an Nahrung ist kein Mangel. Gewandten Fluges durchstreichen diese lebhaften Thierchen die Lüfte, fangen die umherschwirrenden Kerfe hinweg, fallen über einander her, jagen und verfolgen sich und treiben diese Kurzweil selbst über den seichteren Meerestheilen. Da bemerkt man den Fitis-Sänger (**Sylvia Trochilus Lath.**) in seinem oben olivengrünen, unten gelblichen Gewande, seltener den ähnlich gefärbten Weidenzeisig (**S. rufa Lath.**) und die Dorngrasmücke (**S. cinerea Lath.**) in oberhalb bräunlichem, unten weißlichem Federkleide mit röthlichbraun geranderten Schwungfedern, ein hübsches Thier, das, stets unruhig, häufig emporfliegt, um sich augenblicklich wieder niederzulassen. Ziemlich gemein ist auch der Wiesenpieper (**Anthus pratensis Bechst.**), der in den rasenartigen Büschen der Pimpinellenrose umherschlüpft, seltener aber der Wasserpieper (**Anth. aquaticus B.**), dem die Umgebungen brakischer Lachen als Aufenthalt zusagen.

Andere kleine Vögel bemerkt man selten. In den Dörfern ist der Sperling ein nimmer fehlender Gesellschafter des Menschen, und die kluge Schwalbe errichtet auch hier ihr künstliches Nest unter dem gastlichen Dache der Friesen.

Zahlreiche Vertreter besitzen hier die Wadvögel (Grallatores). Die meist den kleineren Gattungen dieser Ordnung angehörenden Thiere schwärmen schaarenweise auf den weniger besuchten Strandgegenden umher und brüten sowohl auf den Inseln, als auch auf der nahen Küste. Sie legen ihre Eier meist in den Sand oder begnügen sich mit einer kunstlosen Unterlage von Gras u. dgl., laufen behende auf dem mit zahllosen Seewasserpfützen bedeckten, ebenen Sandboden hin und bemächtigen sich der vielen von den Wogen angespülten Krusten- und Weichthiere. Bei Annäherung, eines Menschen erheben sie sich, fliegen eine Strecke weit dicht über dem Boden hin, lassen sich nieder und laufen dann rastlos weiter, anmuthige Bilder lebhafter Beweglichkeit. Wenn an stillen Abenden die scheidende Sonne das unendliche Meer in Gold und Purpur kleidet, mischen sich in das sanfte Rauschen der herbeifluthenden Wogen lieblich die flötenden Töne des Strand-Regenpfeifers (Charadrius candianus Lth.). Dieses niedliche Thier zeichnet sich durch zwei Flecken an jeder Seite der Brust aus, welche kein geschlossenes Halsband bilden. (S. Fig. I). In seiner Gesellschaft erscheint der mit einem dunkeln Halsring geschmückte Kragenregenpfeifer (Ch. hiaticula L.) und der Steinwälzer (Stepsilas interpres L.), dessen Kleid eine angenehme Abwechselung von Rostbraun, Schwarz und Weiß zeigt und der mit Hülfe seines kurzen, aber kräftigen Schnabels die Steinchen, Holzstücke und Seepflanzen hinwegschiebt, unter welchen er seine Beute an kleinen Krustenthieren, Würmern u. dgl. findet.

Fig. I.

Der Strand-Regenpfeifer (Charadrius cantianus).

Ein eigenthümlicher Vogel dieser Ordnung ist auch der Säbelschnäbler (Recurvirostra Avocetta L.), ein kurzes, weißes, am Scheitel, Nacken und

Fig. II.

Der Säbelschnäbler (Recurvirostra Avocetta L.).

an den Flügeln schwarzgefärbtes Thier, mit sehr langen dünnen Beinen und glattem, aufwärts gekrümmtem Schnabel (S. Fig. II.). Er ist hier nicht gerade häufig und zieht mit dem dünnen biegsamen Schnabel geschickt die Borstenwürmer (Arenicola, Nereis u. s. w.) aus dem Sande hervor, in welchem diese Thiere leben.

Gedrungenen Baues, mit kurzen Beinen und flachem, rothem Schnabel versehen, ist der Austernfischer, **Haematopus ostralegus L.** (Fig. III), ein scheuer, auf dem Rücken schwarzer, am Bauche und auf den Flügeldecken reinweiß gefärbter Vogel, welcher sich von Krustenthieren, Würmern und Weichthieren, z. B. von der hier ziemlich häufigen Krullschnecke (Buccinum) nährt, wogegen er keineswegs — wie die Sage behauptet — die harten Schalen der Muschelthiere m. seinem Schnabel zerbrechen kann.

Fig. III.

Der Austernfischer (Haematopus ostralegus L.).

Aus der zu den Wadvögeln gehörenden Familie d. Schnepfenvögel ernährt Norderney zahlreiche Strandläufer, angenehme Vögel, welche, wie der graue Str. (Trynga cine–

rea L.) hurtig am Saume der den Strand hinaufrollenden Meereswellen hineilen, um die von ihnen ausgeworfenen Thierchen aufzulesen, wobei sie pfeifende Töne von sich geben.

Recht characteristische Seevögel, wahre Urbewohner der Meere und ihrer Küsten, sind die zur Ordnung der Schwimmvögel (Natatores) gehörenden und in diesem Gebiet ziemlich häufig vorkommenden Mövenvögel. Ihr kühner, gewandter Flug, der sie blitzschnell aus den höchsten Regionen des Aethers zur bewegten Fläche der grollenden See herabführt, welcher sie bald tief landeinwärts, bald weit auf das hohe Meer trägt, die gefällige Vertheilung von Weiß und Schwarz auf ihrem weichen Gefieder und ihre raubvogelartigen Sitten haben sie von jeher zu Lieblingen aller Naturfreunde gemacht. Lange, schmale und spitzige Flügel verleihen den Thieren diese bedeutende Flugkraft, und dreizehige Schwimmfüße dienen ihnen zur Fortbewegung auf den Wogen, auf denen sie, vom langen Umherstreichen ermüdet, schaukelnd umhertreiben. Sie nisten gewöhnlich auf den großen, schwer zugänglichen Dünen, welche der friesische Insulaner „weiße Dünen" nennt, die man auf Juist, Norderney, Baltrum, Langeroge u. s. w. beobachtet. Sie zeichnen sich vor all den andern Sandanhäufungen durch ihre helle Färbung aus, sind ohne eine Spur von Grün, und ihre Oberfläche ist ein stetes Spiel der Winde. Das unendlich Trostlose des Anblicks wird ein wenig gemildert durch Schwärme von Möven, welche an diesen öden Plätzen ihre kunstlosen Nester aus Reisern, Tang, Seegras und dergleichen auf die Erde bauen oder ihre getüpfelten Eier in den nackten Sand legen. Sie finden eine reichliche Nahrung in den Millionen von Krebsthieren, Würmern und Muschelthieren, deren Gehäuse an solchen Orten allein dem Strande eine geringe Festigkeit verleihen können.

Fig. IV.

Die gemeine Seeschwalbe (Sterna hirundo L.).

Zu den hier am häufigsten vorkommenden Vögeln jener Ordnung gehören die Seeschwalben (Sterna), welche sich durch einen langen geraden Schnabel, durchgehende, ziemlich in der Mitte desselben befindliche Nasenlöcher und einen gabelförmigen Schwanz auszeichnen. Sie streifen zu Hunderten lärmend über Strand und Meer und versichern sich ihrer in kleinen Fischen, Würmern und Weichthieren bestehenden Beute durch schnelles Herabstoßen auf die See. Sie erscheinen hier als Zugvögel im April oder Mai und überwintern an den Küsten der Länder des Orientes.

Fig. V.

Die Mantelmöve (Larus marinus L.).

Gemein ist **Sterna hirundo L.**, oben mattgrau, unten weiß gefärbt, mit schwarzem Hinterkopf und Schwanzfedern, rothem Schnabel und Füßen (S. Fig. IV), desgleichen **St. fissipes L.** in schwärzlichem, an den Flügeldecken hellerem Gewande, seltener **St. minuta L.**, welche der erstern sehr ähnlich, aber kleiner ist.

Die eigentlichen Möven (**Larus**) besitzen dagegen einen starken, seitlich zusammengedrückten Schnabel mit gewölbter Spitze und nach der letzteren hin geöffneten Nasenlöchern, so wie einen gerade abgestumpften Schwanz. Ihre Färbung ändert mehrfach ab nach Alter und Jahreszeit. Diese Vögel sind sehr lebhaft, kreisen beständig umher und stoßen auf das Meer hernieder, sobald ihr scharfes Auge einen mundgerechten Fisch, ein Gliederthier oder dgl. entdeckt hat, und sie wiederholen den Versuch, wenn er nicht so=

Fig. VI.

Die Lachmöve (Larus ridibundus L.).

gleich gelingt. Häufig sammeln sie sich auf den Leichen größerer gestrandeter Thiere, an denen sie mit der Gefräßigkeit unserer Krähen herumhacken. Auch inmitten des Sturmes erblickt man die nimmer ruhenden Möven, und ihr schrillendes Geschrei macht dann einen unheimlichen Eindruck.

Häufig begegnet man der Mantelmöve (**Larus marinus L.**), deren Federkleid in der Jugend mit bräunlichen Tüpfeln befleckt ist (S. Fig. V.), während es im Alter heller wird und sich an Flügel und Rücken schwarz färbt. Noch gemeiner ist hier die etwas kleinere, schwarzköpfige Lachmöve (**Larus ridibundus L.** S. Fig. VI.). Sie nistet zum Theil auf den Marschen des benachbarten Festlandes und stößt ein heiseres, gedehntes Geschrei aus, welches gut zu ihrem Namen paßt. Nur zuweilen trifft man hier die obenher braungefleckte Häringsmöve (**L. fuscus L.**) und eine graugefärbte Art (**L. canus L.**). Den wahren Raubvogeltypus unter den Möven vertritt der Strunt oder die Raubmöve (**Lestris parasitica Naum.**

Fig. VII.

Die Raubmöve (Lestris parasitica Naum.).

S. Fig. **VII.**), deren Gestalt zierlicher, als die jener der Gattung **Larus** angehörenden Thiere ist. Ihr Schnabel hat eine starke Wölbung und durchgehende Nasenlöcher, der Schwanz besitzt verlängerte mittlere Streuerfedern, und ihre Färbung ist graubraun, am Bauche weißlich. Sie findet sich nur vereinzelt und verläßt ihre Brütorte an den Küstenmooren, um, dem Flußaar der Vereinigten Staaten gleich, andern Vögeln ihre in Fischen u. dgl. bestehende Beute abzujagen. Dies ergötzliche Schauspiel bietet sich dem Beobachter hin und wieder am Meere dar. Aus der Familie der Sturmvögel, deren Nasenlöcher in einer am Schnabel befindlichen Röhre münden, bemerkt man hier nur eine Art, **Thalassidroma pelagica Vig.** Diese ist von der Größe einer Schwalbe, schwärzlichbraun, mit schneeweißem Steiß. Sie brütet an felsigen Gestaden, von wo aus sie aber weite Streifzüge auf die Nordsee unternimmt. Bei stürmischem Wetter sieht man dies zarte Thier pfeilschnell über das aufgeregte Meer dahinschießen oder ausruhend auf den beschäumten Wogenbergen schweben, wobei es seine Nahrung, mancherlei kleine Weichthiere, geschickt ergreift und den Fischer an die Gefahren des tückischen Pontus mahnt.

Nur selten begegnet man hier einem der seltsam gestalteten Alke (**Alca Torda L.**), rundlicher Schwimmvögel mit kurzem, dickem Schnabel und kurzen Flügeln, deren Geschicklichkeit im Tauchen und Schwimmen bewundernswerth ist, noch seltener den Lummsen oder Lummen (**Uria**), plumpen Thieren, deren Manieren an die Fettgänse oder Peguine der Südsee erinnern, und die, auf Helgoland ziemlich häufig, nur bisweilen in dieses Gebiet herüberstreifen.

3. Die Amphibien und Fische.

Gering nur ist die Zahl der Amphibien, welche Norderney bewohnen. An dunkeln und feuchten Orten versteckt sich die scheue Kröte (**Bufo variegata L.**), und der gemeine Grasfrosch läßt sein Gequake aus dem die alte Franzosenschanze umfließenden Graben ertönen, in dessen trübem Wasser sich auch einige Wassersalamander (**Triton**) aufhalten.

An Fischen dagegen entfaltet die Nordsee einen nicht unbedeutenden Reichthum, und die Kinder der Tiefe verschaffen dem friesischen Insulaner einen guten Theil seines täglichen Brodes. Immer ist das Meer hier im Allgemeinen zu unruhig und der Strand der Inseln zu wenig geschützt, um eine so massenhafte Ansammlung von Fischen zu gestatten, wie dies an stillen, buchtenreichen Küsten der Fall ist, und die Insulaner müssen gewöhnlich stundenweit auf das Meer hinausfahren, um ihre Netze mit Erfolg auswerfen zu können. Aber in gewissen Monaten des Jahres, vom März bis Mai und vom September bis November, treiben große Züge von Kabljaus, Schellfischen u. s. w. an den Inseln vorüber, und dann dürfen die Fischer einen ergiebigen Fang erwarten. Sie bedienen sich großer, mit eisernen Gewichten beschwerter Netze und der Grundangeln, d. i. langer Seile, an welchen oft viele Dutzend Angelschnüre festgeknüpft sind. Als Köder werden der Tobiasfisch (Ammodytes) und zwei Würmer, die Quappe (Thalassema) und der Pierer (Arenicola), benutzt. In den Sommermonaten gewährt das seichtere Wasser am Strande nur geringe Ausbeute, und die armen Leute mühen sich alsdann ab, mit dem Handnetze einige Schollen oder dgl. zu fangen, welche kaum für den nöthigsten Bedarf ausreichen. Man versendet die Fische, namentlich die Schellfische, meistens frisch nach dem Festlande; theilweise richtet man sie zum eigenen Gebrauche zu, d. h. nimmt sie aus, legt sie in Salzwasser und hängt sie an den vor den Häusern befindlichen und im Sommer zu Lauben dienenden Gerüsten zum Trocknen auf. In diesem Zustande werden sie roh gegessen oder gekocht; denn Fisch und Kartoffeln, Puddings von Reis und Mehl mit Brühe von Syrup und Butter, so wie ein grobes Brod und Emdener Käse bilden die Hauptnahrung der schlichten Inselbewohner.

Die bemerkenswerthesten Formen der Fischwelt in diesen Gegenden gehören natürlicherweise den Knochenfischen an. Aus der Ordnung der Stachelflosser (Acanthopterygii) trifft man nicht selten das handlange Petermännchen (Trachinus vipera L.) an, einen unserm Flußbarsch verwandten Fisch, dessen gelblichbrauner Körper mit dunklen Strichen geziert ist. Seine vordere Rückenflosse besitzt sehr spitze Strahlen, welche, aufgerichtet, die das Thier ergreifende Hand empfindlich verletzen können, weshalb dasselbe von den Fischern — freilich über Gebühr — gefürchtet wird. Seltener ist eine etwas größere Art, Tr. Draco L.

Merkwürdige Fische sind die Knurrhähne (Trigla), an deren durch große Knochenschuppen geschütztem Kopf die drei feinen Strahlen der Brustflossen grenzen, bewegliche, nervenreiche Organe, die als Tastwerkzeuge betrachtet werden müssen. Wenn man diese Thiere aus dem Wasser zieht, so geben sie schwache, knurrende Laute in Folge des energischen Zusammendrückens ihrer umfangreichen und viel Luft fassenden Schwimmblasen von sich. Ziemlich gemein ist Tr. hirundo L. (S. Fig. I.) von röthlich brau=

Fig. I.

Der Knurrhahn (Trigla hirundo L.).

ner Färbung und etwa zwei Fuß Länge, die gern gegessen und ausgestopft an Fremde verkauft wird.

Unter den mit einem einzigen spitzen Bauchflossenstrahl versehenen Stichlingen bemerkt man häufig genug den Meerstichling (**Gasterosteus spinachia L.**). Dies ist ein gefräßiger Raubfisch, welcher sich um so leichter vermehrt, als er gegen die Verfolgungen anderer Thiere seiner Classe durch die scharfen Stachelflossen geschützt ist. Er wird nicht gegessen, soll aber an manchen Küstengegenden der Nordsee als Dünger auf die Felder geworfen und zum Auskochen eines Brennöles benutzt werden.

Die Makrele (**Scomber scombrus L.**) wird etwas mehr als einen Fuß lang, ist oben blau mit schwärzlichen Streifen, unten silberglänzend und wandert in den Monaten Mai und Juni in ungeheuren Schaaren an die Nordseeküsten, um zu laichen; ihr Fang wird in England eifrig und im Großen getrieben. Ihr wohlschmeckendes Fleisch wird, da es der Verderbniß schnell unterliegt, meist frisch verzehrt. Die friesischen Insulaner beschäftigen sich fast gar nicht mit dem Fange derselben, welcher für sie eben so wenig Wichtigkeit hat, als der des Thunfisches (**Thynnus vulgaris Cuv.**), eines Verwandten der Makrele, von dem sich an den Küsten des atlantischen Oceans und des Mittelmeeres viele tausend Menschen ernähren, während er hier nur sehr vereinzelt angetroffen wird.

Auch der Schwertfisch (**Xiphias gladius L.**), dessen Zwischenkiefer bekanntlich in einen langen zweikantigen Fortsatz verlängert ist, erscheint hier nur hin und wieder. Der Seewolf (**Anarrhichas Lupus L.**), dessen Rückenflosse lang und weich ist, während die Bauchflosse gänzlich fehlt, wird

Fig. II

Der Seewolf (Anarrhichas Lupus L.).

in diesen Gegenden als ein zwar nicht gerade häufiger, aber wegen seiner räuberischen Natur verhaßter Gast angetroffen. Lange Zähne von Stahlhärte ragen aus den Kiefern dieses vier Fuß langen, silbergrau und schwarzblau gefleckten Thieres (S. Fig. II.) hervor und dienen sowohl zum Zertrümmern von mancherlei Schaalthieren, als auch zum Zerreißen der emsig verfolgten Fische. Man fängt ihn nur ungern, da er wüthend um sich beißt und das mit den Zähnen Ergriffene nicht leicht fahren läßt; auch wird sein grobes Fleisch in den meisten Fällen verschmäht.

Die Schleimquappe oder das Butterfischchen (**Blennius Gunellus L.**), ein niedliches Thier mit scharfstachlicher Rückenflosse, welches den Muränen an Gestalt ähnlich und wie diese schwarz und gelbbraun gefleckt ist, wird hier zuweilen am Strande unter Ballen von angespülten Conferven und Seetang gefunden, in deren feuchtem Gewirr es bis zum Wiedereintritt der Fluth auszudauern vermag, und in denen es mancherlei niederen ihm zur Nahrung dienenden Krebsthieren nachstellt.

Unter den zu den Weichflossern (**Malacopterygii**) gehörenden **Scomberesores** bemerkt man hier häufig genug den Hornhecht (**Esox belone L.**), der leicht an der schnabelförmigen mit vielen Zähnen ausgerüsteten Verlängerung seines Zwischenkiefers erkennbar ist. Man fängt ihn gewöhnlich Nachts und verzehrt ihn geräuchert; an der Ostsee wird der Fang einigermaßen im Großen betrieben (S. Fig. III.).

Fig. III.
Der Hornhecht (**Esox belone L.**).

Der für unser gewöhnliches Leben so wichtige Häring (**Clupea harengus L.**) besucht diese Gegenden kaum in beträchtlicheren Schaaren; seine Züge richten sich gewöhnlich mehr nordwärts, gegen die norwegischen und jütischen Gestade und durch das Kattegat in die Ostsee. Die Friesen nehmen an der Häringsfischerei nur in den nördlichen Regionen Theil, und das Thier gehört eigentlich nicht in die Localfauna der Inseln, eben so wenig wie die Sprotte (**Cl. sprattus L.**), welche bekanntlich in der Ostsee vielfach gefangen und als Delicatesse weithin versendet wird.

Der Lachs (**Salmo salar L.**) geräth hier den Fischern nicht häufig in die Hände, und große Exemplare werden sogar als etwas Besonderes geschätzt. Das Räuchern desselben versteht man hier nicht. Dieser Fisch folgt jenen ziemlich bestimmten Richtungen, die ihn alljährlich zu gewissen Zeiten in die größern Flüsse führen. Er weicht nicht gern von ihnen ab; auch scheinen ihm so sandige Gestade, wie die hiesigen, weniger zuzusagen.

Wichtiger für die friesischen Eilande ist der Kabljau, der Vertreter der artenreichen Gattung **Gadus**, welche sich durch einen fast cylindrischen Leib, dicken unbeschuppten Kopf und Bartfäden am Unterkiefer auszeichnet. Der Kabljau (**G. Morrhua**), welcher gegen 2—3 Fuß lang und 16 Pfd. schwer werden kann, nähert sich den norddeutschen Küsten zu gewissen Jahreszeiten in sehr großen Zügen, wird mit der Angel gefangen und gewöhnlich frisch verspeist. Der ihm ähnliche Schellfisch (**G. Aeglefinus L.**) ist besonders im Winter häufig. Man fängt ihn, ebenso wie den etwas selteneren Dorsch (**G. Callarias L.**) und den kaum einen Fuß langen Zwergdorsch (**G. minitus L.**), auf die angegebene Weise und versendet sie theils auf die Märkte des Festlandes, theils bereitet man sie an Ort und Stelle zur Aufbewahrung zu.

Die merkwürdige Gattung der Schollen (**Pleuronectes**) ist in der Nordsee durch mehrere Arten vertreten. Ihr eiförmiger Körper ist scheibenförmig zusammengedrückt, auf der einen Seite dunkel, auf der andern hell gefärbt und wird oben von der Rücken-, unten von der Afterflosse umsäumt, während die Brustflossen klein sind und nicht weit von den dicht am Kopfe befindlichen Bauchflossen entfernt stehen. Der Kopf trägt nur auf der einen, dunkeln Seite die dicht neben einander liegenden Augen, während das enge Maul seine normale Stellung besitzt. Die Eingeweidehöhle hört dicht hinter dem Kopfe auf, und der Schwanztheil und die breiten, seine obern und untern Dornfortsätze einschließenden Muskelschichten bilden die Hauptmasse des Körpers. Diese Fische, welche keine Schwimmblasen besitzen, liegen ruhig im Sande und Schlamme der Küsten und bemächtigen sich aus diesem Hinterhalte ihrer Beute, die in mancherlei wirbellosen Seethieren besteht. Ihres schmackhaften Fleisches wegen fängt man sie mit großen und kleinen Handnetzen und versendet sie oder verzehrt sie an Ort und Stelle. Man findet hier die Flunder (**Pleuronectes flesus L.**), die Kliesche (**Pleur. Limanda L.**), den mit zahlreichen höckrigen Schuppen besetzten, oft gegen 20 Pfd. schwe-

Fig. IV.

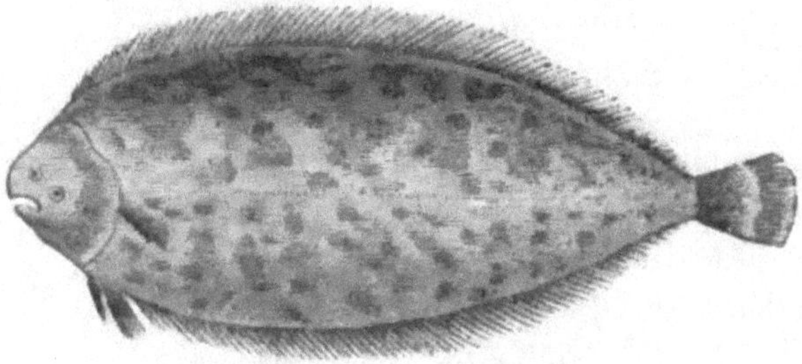

Die Zunge (Solea vulgaris Cuv.).

ren Steinbutt (Pl. maximus L.), den Glattbutt (Pl. rhombus L.), dem jene warzigen Schuppen fehlen, und der auch eine ziemliche Größe erreicht, die Scholle (Pl. platessa L.), die gemeinste Art, und endlich die wegen ihrer großen Schmackhaftigkeit berühmte Zunge (Solea vulgaris Cuv.), welche eine eigene, von den Schollen etwas abweichende Gattung bildet (S. Fig. IV.).

Der nur einige Zoll lange Sandaal oder Tobiasfisch (Ammodytes vulgaris Cuv.), mit langgezogenen Kiefern und silberglänzendem Schuppenkleide, bewohnt den Sand des Meeresgestades, in welchen er sich, mit dem Kopfe voran, hineinbohrt. In diesem Verstecke verharrt er die Ebbezeit hindurch und vermag, ohne mit besonderen Vorrichtungen an dem normal gebildeten Kiemenapparate ausgerüstet zu sein, im feuchten Sande auszudauern. Das längliche Thier, dessen Eingeweide durch die dünnen Körperwände hindurchschimmern, ragt dann öfters mit dem Schwanze aus dem Sande hervor und wird von den Insulanern mit großen, zum Ausgraben des Sandwurmes dienenden Gabeln hervorgescharrt und verzehrt, oder als Köder beim Fange der Schellfische u. s. w. benutzt.

Auch Quermäuler (Plagiostomi) fehlen nicht in der hiesigen Fauna. Aus der Familie der Haie (Selachii) finden sich nur wenige kleinere Arten. Nimmer gefährdet der furchtbare Menschenhai (Carcharodon) die norddeutschen Küsten, und nur den Fischen verderblich, deshalb den Insulanern verhaßt, treiben einige ellenlange Verwandte der „Hyäne des Meeres" in tieferem Wasser ihr Wesen. Dahin gehört der röthlichbraun gefleckte, kurzschnauzige Hundshai (Scyllium canicula) und der Glatthai (Mustelus vulgaris Müll. und Henle), welcher mit seinen stumpfen, mosaikartig gestellten Zähnen nur Schalthiere und dergl. zermalmen kann. Noch häufiger als dieser ist der Dornhai (Acanthias vulgaris Ris.), dessen zwei Rückenflossen

Fig. V.

Der Dornhai (Acanthias vulgaris Ris.).

mit einem Stachel versehen sind (S. Fig. V.), selten dagegen erscheint der Milander (Galeus canis Rondelet). Die beiden letzten sind mit scharfen, an den Seitenkanten zackigen Zähnen ausgerüstet. Man fängt diese meist einfarbig grauen, am Bauche helleren Thiere mit der Angel und verzehrt ihr zähes, aber dennoch genießbares Fleisch.

Die Rochenfamilie (Rajae) besitzt etwa ein Dutzend Vertreter, unter denen der Nagelroche (Raja clavata L.) der gemeinste ist. Er zeigt die characteristische Rochengestalt, einen flachen Körper, den die breiten, durch gegliederte Strahlen gestützten Brustflossen umsäumen, einen verdünnten Schwanz und fünf in der Nähe des mit mosaikartigen Zähnen bewaffneten

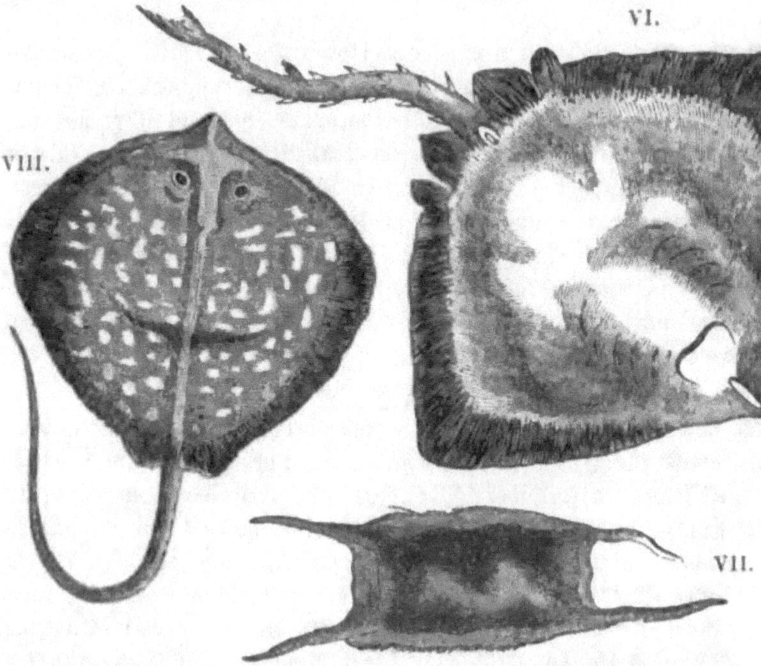

Fig. VI. Der Nagelroche (Raja clavata L.). Fig. VII. Das Ei des Nagelrochen. Fig. VIII. Der Stechrochen (Trygon pastinaca Bonap.).

Maules stehende Kiemenspalten (S. Fig. VI.). Die bräunliche, dunkler gefleckte Rückenhaut ist mit einer Anzahl dorniger Schuppen bestreut. Der Nagelroche nährt sich, sowie seine Stammverwandten, von niederen Seethieren, hält sich meist in der Nähe des Strandes auf und liefert ein meist ganz schmackhaftes Fleisch. Die länglichen, mit einer schwarzen, hornigen Schale bekleideten und in vier Zipfel ausgezogenen Eier (S. Fig. VII.) dieses Fisches werden häufig vom Meere angespült. Nicht so gemein sind R. Batis L. und der Stechrochen (Trygon pastinaca Bonap.) (S. Fig. VIII.), der mit seinem, über der Schwanzflosse befestigten, dornigen Stachel Wunden auszutheilen vermag, über deren vermeintliche Bösartigkeit jedoch viel gefabelt wird. —

4. Die Gliederthiere.

Einer ausgedehnten Entwickelung der Insectenwelt sind die Naturverhältnisse der friesischen Inseln nicht günstig. Zwischen den Dünenpflanzen leben einige Käfer und Hautflügler auf Norderney, dessen Kurhausanlagen Gliederthieren mehr Schutz und Nahrung gewähren, als die niedrigen Büsche und Krautpflanzen der übrigen Eilande. Aber nirgends vermag sich das Auge an dem geschäftigen Treiben der Kerfe in dem Maße zu erfreuen, als dies in Gegenden der Fall ist, welche mit einer reicheren Vegetation ausgestattet sind. Käfer finden sich nur in wenigen Arten vertreten. Selbst das Zirpen einer Feldheuschrecke gehört zu den Seltenheiten. Einige Libellenarten schwirren in unzähligen Exemplaren auf Norderney um die Schanze, in deren Gräben sich ihre Larven entwickeln. Sie gehören den Gattungen **Aeschina** und **Libellata** an. Eben so selten sind die Hautflügler. Unter ihnen ist die Sandwespe der Dünen (**Ammophila arenaria**) und die Erdhummel (**Bombus terrestris Fabr.**) allein bemerkenswerth, obschon hier und da Honigbienen in Stöcken gehalten werden. Auch das reizende Geschlecht der Schmetterlinge ist fast nur durch den Baum- und Kohlweißling vertreten. Um so angenehmer ist der Mangel an belästigenden Mücken und Stubenfliegen.

Taf. I.

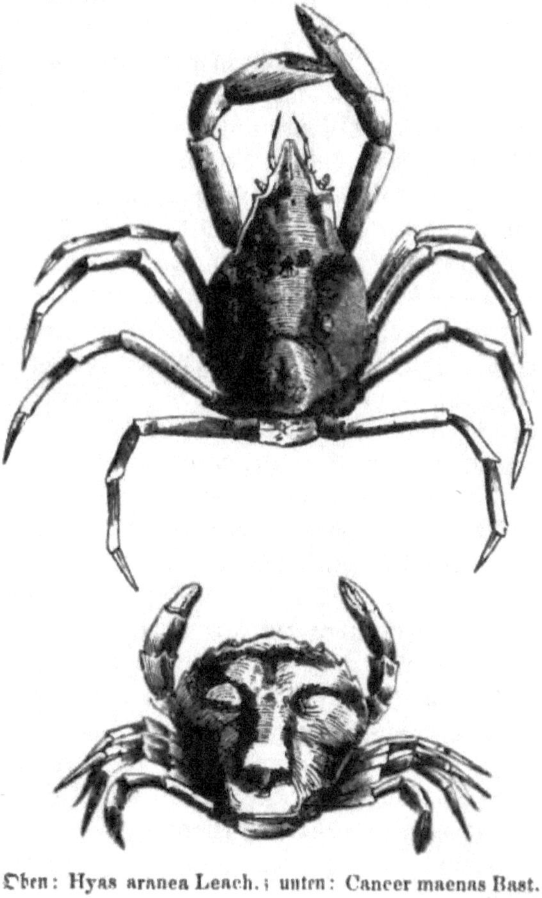

Oben: Hyas aranea Leach.; unten: Cancer maenas Bast.

Dagegen ernährt die Nordsee mehre Gattungen von krebsartigen Thieren oder Crustaceen, welche die Küsten sehr bedeutend characterisiren. Sie leben meistens in seichtem Meerwasser. Auch liegen sie theilweise im Sande versteckt und lauern auf ihre in thierischen Körpern bestehende Beute, theilweise suchen sie dieselbe unruhig umherlaufend auf. Einige Flohkrebse bewohnen den Strand, auf dem sie sich hüpfend fortbewegen.

Unter den kurzschwänzigen Crustaceen (**Brachyura**) ist häufig der gemeine Taschenkrebs (**Cancer maenas Bast.**) (Taf. I.), dessen höckriges und am Rande mehrfach eingebogenes Schild drei Stirnzacken besitzt und bräunlichviolet gefärbt ist, während die behaarten und mit langen Endgliedern versehenen Extremitäten mehr oder minder dunkelbraunroth erscheinen. Er bevölkert die Gestade von Norderney in unglaublicher Menge, und nach Sturmfluthen sieht man ihn zu Tausenden zwischen dem angeschwemmten Seegrase umherliegen. Er läuft geschickt und in seitlicher Richtung auf dem flachen Sande, wobei er eine Scheere einklappt und sich mit der andern wie mit einem Stabe stützt. Nach Eintritt der Ebbe bleiben etliche Individuen in den flachen Meerwassersümpfen zurück und ruhen am Strande derselben aus. Sobald man sich ihnen dann naht, vergraben sie sich in den Sand, wobei der eckige Hinterleib wie ein Spaten wirkt und die Scheeren als Stützen dienen. Gelingt dies nicht, so eilen sie dem Meere zu und kneipen tapfer die Hand, welche sie ergreifen will; ja, sie eilen öfters grimmig auf den Feind los und gewähren dann ein sehr ergötzliches Schauspiel. Die Taschenkrebse paaren sich im Frühling und wechseln ihre Schale im Juli oder August; man erkennt solche sich häutende Individuen bald an der Weichheit ihrer neugebildeten Bedeckung. Die Jungen werden in der Mitte Sommers ausgebildet und finden sich dann häufig in den vom Meer ausgeworfenen Tang- und Confervenballen. Uebrigens weichen alle diese Krebsthiere in den ersten Stadien ihrer Entwickelung hinsichtlich ihrer Körperform bedeutend von den Erwachsenen ab.

Seltener ist hier eine mit violetem, heller geflecktem Schilde versehene Krabbe (**Portumnus variegatus Leach.**), ferner eine andere Art (**Portumnus puber L.**), welche sich von den erwähnten Species durch ein mehr keilförmiges Schild und breitere Endglieder des letzten Fußpaares unterscheidet. Beide Thiere theilen mit dem gemeinen Taschenkrebse Sitten und Lebensweise und sind zwar wie dieser genießbar, werden aber hierorts nicht verspeist. Um so lieber wird der große Taschenkrebs (**Platycarcinus pagurus L.**) gegessen, dessen breites, am Rande mehrfach gekerbtes Schild einen dreizähnigen Stirnschnabel trägt. Die röthlichgelben, an ihren Spitzen schwarzen Gliedmaßen sind überall mit langen, steifen Borsten besetzt, und das Thier wird bisweilen fußbreit und gegen 8 Pfund schwer. Es ist ziemlich häufig, wird mit dem Netze gefangen und besitzt ein recht schmackhaftes Fleisch.

Einen länglichen, oben gespaltenen Stirnschnabel und ein fast dreieckiges, unten sich verbreiterndes Schild, so wie lange, fast cylindrische Füße besitzt **Hyas aranea L.**, welche durch ihre sonderbare Gestalt auffällt (S. Taf. I.), allein ziemlich selten ist.

Die eigenthümlichste Erscheinung bieten die Einsiedlerkrebse (**Pagurus**). Ihre rechte Scheere ist größer als die linke, und winzige Scheeren sitzen auch am letzten, sehr kleinen Fußpaare. Ihr gebogener, aufgetriebener Hinterleib ist mit unpaaren Fortsätzen versehen, mit denen sie sich in den Windungen leerer Schneckenschaalen festsetzen, die ihnen zur Wohnung dienen. Mit diesen Gehäusen kriechen sie geschickt auf dem Meeresboden und am Strande umher und ziehen sich in dieselben zurück, sobald sie beunruhigt werden. Erst nach längerer Zeit strecken sie dann vorsichtig die Fühler, die große Scheere und die beweglichen Augenstiele hervor. Obgleich sie die eroberten Schalen freiwillig verlassen und dieselben mit anderen vertauschen können, so heften sie sich dennoch im lebenden Zustande so fest, daß man sie nur mit Mühe unverletzt aus denselben hervorziehen kann. Bei großer Gefahr wühlen sie sich auch in den lockern Sand ein. In der Nordsee ist der Bernhardskrebs (**Pag. Bernhard. Fabr.**) gemein. Gelblichroth und mit körnigen, stachlichen Erhebungen bedeckt, benutzt er gewöhnlich die Schalen der hier sehr häufigen Krullschnecke (**Buccinum**) als Wohnung (S. Taf. II. u. Taf. III.).

Taf. II.

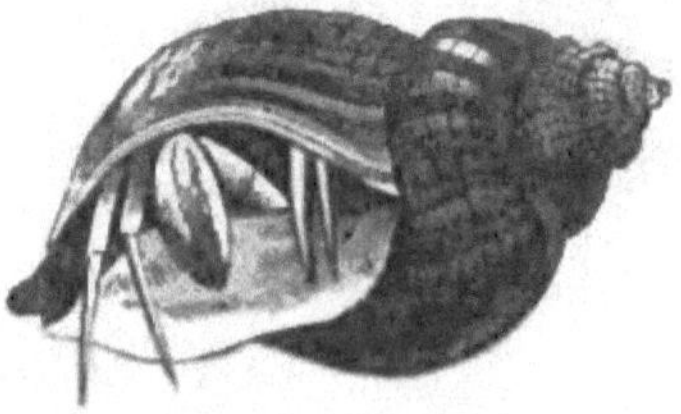

Pagurus Bernhardus Fabr. in seiner Muschelwohnung.

Taf. III.

Pagurus Bernhardus ohne Muschelwohnung.

Aus der Abtheilung der langschwänzigen Crustaceen (**Macrura**) finden sich nur einige kleinere Arten. Der Hummer ist hier selten, während er bei Helgoland bekanntlich gezogen wird.

Desto häufiger sind die Garneelen (**Crangon**), etwa 1½ Zoll lange Thiere, deren innere Fühler mit zwei gegliederten Anhängen, sogenannten Peitschen, versehen sind. Das erste Fußpaar ist scheerenförmig, die Farbe graubräunlich getüpfelt. Der Repräsentant dieser Gattung, welche von den Insulanern „Garnat" genannt wird, die gemeine Garneele (**Crangon vulgare Fabr.**) (S. Taf. IV.), nähert sich im Mai und Juni in unabsehbaren Mengen den Küsten, wird in seichtem Wasser mit Handnetzen gefangen, in Salzwasser gekocht, wobei sie ihre Farbe nicht ändert, und maßweise verkauft. Das Fleisch dieses Thieres hat zwar einen pikanten Geschmack, ist jedoch schwer verdaulich, und es kostet Mühe, die dünne aber zähe Schale abzulösen.

Taf. IV.

Oben: Ligia oceanica F.; unten: Crangon vulgare, Garnat.

In den zur Ebbezeit zurückbleibenden Seewasserpfützen bemerkt man öfters einen kleinen Kruster aus der Ordnung der Maulfüßler (**Stomapoda**), nämlich **Mysis flexuosa Lam.** Diese Art schießt in den Meerwasserlachen munter umher, vergräbt sich aber, so wie man sie ergreifen will, in den lockern Sand, von dem sie wegen ihrer bräunlichen Farbe schwierig zu unterscheiden ist. Im Meere selbst kommt sie massenhaft vor.

Wenn man einen der großen Conferveuballen, welche das Meer an den Strand wirft, näher untersucht, so bemerkt man in demselben außer der Brut von Taschenkrebsen noch eine Menge kleiner Crustaceen, welche den zusammengedrückten Leib, die beim Schwimmen mitwirkenden Hinterleibsabhängen und die Peitschen an den obern Fühlern der Flohkrebse (**Amphipoda**) haben. Die hier häufigste Art ist **Gammarus marinus Bach.** und wahrscheinlich nur eine Abart des in den europäischen Meeren gemeinen **G. Locusta Fabr.**

Den Flohkrebsen ähnlich gebildet sind auch die Talitrusarten, welche zu Tausenden auf dem Küstensande umherhüpfen und hier ihre Nahrung suchen.

Aufenthalt und Nahrung der Amphipoden theilen die zu den Gleichfüßlern (**Isopoda**) gehörenden Schachtasseln (**Idotea**), eine Gattung, deren länglicher, flacher Leib ein großes schildförmiges Endglied trägt. Die

Füße sind sämmtlich mit einer hakigen Kralle besetzt. Ziemlich häufig ist die zartpunktirte **Id. pelagica Leach.**

Den Wasserasseln (**Asellus**) unserer Teiche und Flüsse nähern sich in ihren äußern Kennzeichen die Ligien. Sie haben lange äußere Fühler und einen gewölbten, öfters gerunzelten Körper. **Ligia oceanica** (Taf. IV), deren hintere Leibesabschnitte mit hübschen, baumförmigen Zeichnungen geschmückt sind, lebt hier zu Tausenden und scheint von der Natur für das Meer zu einer ähnlichen Aufgabe wie der Aasgeier für das Land bestimmt zu sein; denn dies gefräßige Geschöpf zernagt die Weichtheile aller todten Seethiere.

Die mit Recht den Crustaceen beigesellten Rankenfüßler (**Cirrhipedia**) besitzen außer einer Bedeckung von Chitin, dem Hauptbestandtheil der äußern Hülle der Gliederthiere, noch eine aus beweglich oder unbeweglich verbundenen Kalkstücken bestehende Schale, aus der sie ihre gegliederten, borstigen, rankenartigen Extremitäten hervorstrecken, um damit ihre animalische Nahrung zu ergreifen. Sie heften sich, entweder gestielt, wie die Entenmuscheln oder Lepaden, oder ungestielt wie die Meereicheln oder Balanen, an fremde Körper, Muscheln, Holz, Steine, Taug u. s. w. Die hiesigen Gewässer ernähren wenige Arten aus den Gattungen **Balanus** und **Lepas**, u. A. **Chthamalus germanus.**

Taf. V.

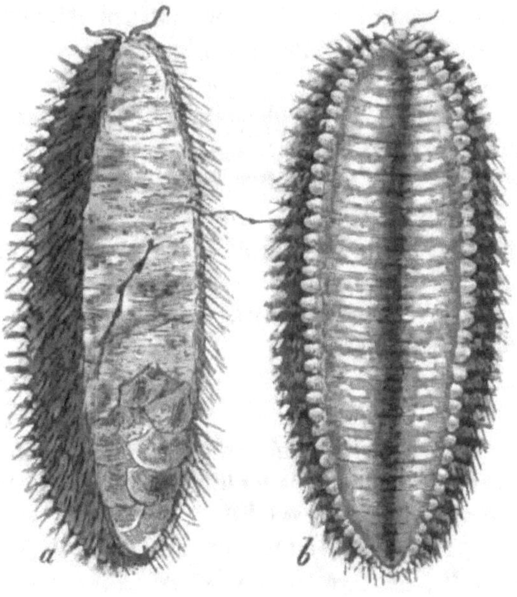

Aphrodite aculeata, Seemaus; a. Rückenseite mit den Schuppen; b. Bauchseite mit den Fußstummeln.

Auch mancherlei Arten von Gliederwürmern (**Annulata**) gewährt die Nordsee Aufenthalt und Nahrung. In Gestalt und Lebensweise weichen diese Thiere sehr von einander ab, alle aber erregen, besonders in Hinsicht auf ihre anatomischen Verhältnisse, Interesse. Unter den Borstenwürmern bemerkt man häufig die Seeraupe (**Aphrodite aculeata Bast.**), von den Insulanern „Seemaus" genannt (S. Fig. V., a und b). Dieses Thier wird 2—4 Zoll lang und ist oben und unten abgeflacht. Dicht stehende, schön kupferroth und goldiggrün schillernde Haare bilden an den Seiten eine Decke über starre, aus verwachsenen Haarelementen bestehenden Borsten, welche, in zurückziehbaren Futteralen steckend und an höckerartigen Fußstummeln zu Bündeln vereinigt, zur Vertheidigung und Bewegung dienen. Auf dem Rücken ist das Haar zu einem dichten Filz verwachsen, unter welchem zwei Reihen schuppenartiger, gefäßreicher Organe, Aussackungen der Rückenhaut, liegen (S. Fig. V., a). Vielleicht dienen sie zur Athmung, indem das Meerwasser durch den Haarfilz wie durch ein Seihtuch zu den Schuppen dringt und zur Oxydation des in den Gefäßen der letzteren circulirenden Blutes verwendet wird. Am Kopf der Seeraupe stehen zwei Fühler und zwei Augen neben der Mundöffnung, die in einem mit vielen blinden Anhängen versehenen Darm führt. Das Thier kriecht auf dem Meeresboden umher und nährt sich von mancherlei kleinen Seethieren.

Ein merkwürdiges Thier ist der Sandwurm oder Pierer (**Arenicola piscatorum Lam.**), welcher, wie die Aphroditen und Nereiden, mit borstentragenden Fußstummeln an seinem vielgliedrigen, am Kopfende verdickten Leibe versehen ist. In dem mittleren Theile des letzteren vermitteln mehre Paare sich abwechselnd mit Blut füllender Kiemenbüschel die Athmung. Das Thier gräbt sich in den zur Fluthzeit überschwemmten Theil des Strandes und verräth seine Anwesenheit durch dammförmige Aufwürfe von Sand, deren man oft Tausende auf einem kleinen Raume sieht. Ueber seine Nahrung läßt sich noch nichts mit Bestimmtheit sagen; sein Darm erscheint stets mit Sand angefüllt. Die Insulaner graben den Wurm mittelst starker, dreizinkiger Gabeln geschickt aus dem Sande und gebrauchen ihn als Köder beim Fischfange mittelst der Angel.

Viele organische und anorganische Meeresproducte, Krabbenschalen, Muscheln, Holzstücke, Steine u. s. w. sind mit gewundenen, kalkigen Röhren bedeckt, welche von den sie bewohnenden Würmern (**Serpula**) abgesondert werden. Sie tragen neben ihrer Mundöffnung zwei schön roth gefärbte Kiemenbüschel, so wie zwei verdickte Stiele, mit denen sie ihre Röhren schließen, wenn sie sich in dieselben zurückziehen. Häufig sind hier **S. vermicularis Müll.** und **S. contortuplicata Ell.**

Kegelförmige Röhren, die aus mit einer schleimigen Bindesubstanz zusammengeklebten Sandkörnern bestehen, baut sich der Köcherwurm (**Pectinaria auricoma Lam.**). Dieses Thier hat am Kopfende rothe, federförmige Kiemen, lange Fühler und goldglänzende Borstenkämme. Es bohrt sich mit seinem Gehäuse in den lockern Sand ein und bewegt sich kriechend am Meeresboden hin. Die zerstörten Röhren werden ziemlich häufig vom Meere ausgeworfen.

Zu den Annulaten gehört auch die bis jetzt zu den Stachelhäutern (**Echinodermata**), also zu den Strahlthieren gerechnete Quappe (**Thalas-**

sema echiurus Cuv.), ein häßlicher cylindrischer Wurm von gelblichgrauer Farbe, an dessen Mund und After man goldglänzende Häkchen bemerkt, deren feiner Bau dem der Borsten von **Aphrodite** entspricht. Man findet die Quappen ein bis zwei Fuß tief im Sande und benutzt sie, so wie den Sandwurm, als Köder, obgleich sie weniger häufig als letzterer sind. Ihre Leibeshöhle ist stets mit dem zu ihrer Athmung nöthigen Seewasser angefüllt, und sie selbst machen den Eindruck einer mit Luft gefüllten Schwimmblase. Die Nahrung der Quappen besteht wahrscheinlich in den humusartigen, im Sandboden der Meeresküste eingelagerten Zersetzungsproducten organischer Wesen.

Die Weichthiere.

Von K. Martin.

Wie interessant auch die in den vorhergehenden Abschnitten beschriebenen Wirbel- und Gliederthiere sind, so finden sich doch die meisten davon bei Norderney selten und nur die schnellfliegenden Möven und Strandläufer, nebst den oft mit dem Seetang ausgeworfenen Taschenkrebse tragen zum Character der Insel wesentlich bei. Wie reich aber das um dieselbe sich ausbreitende Meer an einer andern Abtheilung des Thierreichs ist, kann der Fremde schon beim ersten Gange nach dem Strande sehen. Denn die Fußwege sind, abgesehen von den Backsteinstraßen des Dorfes, meistens ganz mit Muscheln bestreut. Aehnliche zierlich gerippte oder glatte liegen in solcher Menge an der Nordküste, daß diese hie und da, wo der Wind den Sand weggeweht hat, aus ihnen zu bestehen scheint. Ebenso fällt an der Südseite in den Lachen, welche den Uebergang zum Wat bilden, eine Menge großer und kleiner Schneckenhäuser, bald leer, bald von Thieren bewohnt, in das Auge. Diese werden, wie die Insassen der Flußmuscheln und die Schnecken, welche auf unserem Lande umherkriechen, zu den Weichthieren (**Mollusca**) gerechnet, weil sie auch einen fleischigen Körper und eine schleimige Oberfläche haben, eine Beschaffenheit, wegen der sie von Vielen nicht gern gesehen oder gar mit Ekel vermieden werden. Aber ihr innerer Bau ist so interessant, daß eine Ueberwindung des Abscheus und eine Beobachtung oder Eröffnung des Thieres jedem Wißbegierigen große Ergötzung bereiten muß und dazu dienen kann, einige müßige Stunden des ruhigen Badelebens auf eine nützliche Weise zu verkürzen.

5. Kopffüßer.

Es ist nur schade, daß gerade die Thiere der größten und merkwürdigsten Molluskenclasse hier selten gefunden werden, während dieselben im adriatischen, im Mittelmeere und an den Küsten des atlantischen Oceans bald schaarenweise, bald einzeln die Fluthen durchstreifen, um als Raubthiere die kleinen Seebewohner zu jagen. Zu diesem Geschäfte sind sie auch vortrefflich ausgerüstet und sowohl mit großer Muskelkraft begabt, als auch mit festen Beißwerkzeugen versehen. Ihre mächtigste Waffe aber ist ein Kranz von langen, beweglichen und dabei kräftigen Armen oder Füßen, welche am Kopfe aufgereiht, den Rachen umgeben und eben so gut zum sichern Erfassen der Beute, wie zum schnellen Schwimmen und Laufen geeignet sind. Daher haben die Thiere von den Naturforschern den Namen Kopffüßer (Cephalopoda) erhalten, während sie beim Volke Tintenfische heißen, weil sie einen schwarzen Saft ausstoßen, aus welchem in Rom die Sepia, eine braune Malerfarbe, bereitet wird.

Fig. I.

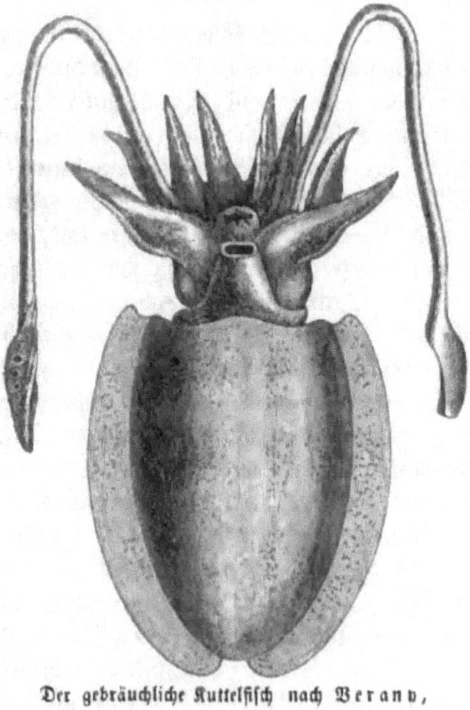

Der gebräuchliche Kuttelfisch nach Verany, ½ der natürlichen Größe.

Durch diese merkwürdigen Eigenschaften, besonders durch ihre starken Arme, welche von allen Greif- oder Bewegungsorganen anderer Thiere weit verschieden sind, haben sie von jeher die Aufmerksamkeit auf sich gezogen. So haben sie zu den alten Sagen von der Skylla, den Kraken und den großen Polypen Anlaß gegeben und die Gelehrten haben sie seit Aristoteles vielfach untersucht und immer von Neuem ihrer seltsamen Beweglichkeit wegen bewundert. So erzählt der Weltumsegler Darwin: „Wenn auch häufig in den Wasserpfützen, welche bei sinkender Fluth zurückbleiben, sind sie doch nicht leicht zu fangen. Mit ihren langen Armen und Saugnäpfen können sie ihren Leib in enge Spalten ziehen und, wenn sie so festsitzen, ist große Gewalt nöthig, um sie loszureißen. Ein anderes Mal schießen sie mit der Schnelligkeit eines Pfeils, den Schwanz voran, von einer Seite der Pfütze zur andern und färben das Wasser in demselben Augbenlicke mit der dunklen kastanienbraunen Tinte. Auch entgehen sie der Entdeckung durch Verändern ihrer Farbe gemäß der Beschaffenheit des Grundes, über den sie weggehen." Das bewirken sie durch Ausdehnen und Zusammenziehen kleiner Zellen der Haut, welche mit Farbe gefüllt sind und Chromatrophoren heißen. Aber noch merkwürdiger ist die Art, wie sie mittelst des weißen musculösen Sackes am Bauche, welcher die kleinen federförmigen Kiemen enthält, rückwärts schwimmen: Sie können nämlich das Wasser, welches sie zum Athmen in denselben aufgenommen haben, durch eine kurze Röhre, dem Trichter, so stark ausspritzen, daß sie selbst zurückgestoßen werden, wie ein Gewehrkolben beim Schuß. Wenn sie nun verfolgt werden, entleeren sie zugleich, wie erwähnt, die schwarze Farbe, indem der Ausführungsgang der Tintendrüse in ihn mündet. Das thun auch der Darm und die Geschlechtstheile, so daß die Excremente und die Eier mit der Tinte und dem beim Athmen verbrauchten Wasser durch den Trichter ausgeschieden werden.

Fig. II.

Der Sepienknochen oder Rückenschulp des gebräuchlichen Kuttelfisches.

Der Leib, an dem der Athemsack liegt, ist von den erwähnten Eingeweiden erfüllt, von dem muskelkräftigen Mantel bedeckt und, wo dieser oben aufhört, durch eine tiefe Furche vom Halse getrennt. Der Kopf trägt an seiner Spitze die Mundöffnung, welche die schnabelähnlichen Kiefern birgt, und rings darum die vielen Arme mit Saugnäpfen, Warzen und manchmal auch mit Krallen. An jeder Seite glänzt ein großes Auge, wie es Fig. III. zeigt, von grellen Farben, innen fast so zusammengesetzt, wie das des Menschen. Auch kommen die Sehnerven mit denen, welche die Anregung der mannigfaltigen Bewegungswerkzeuge vermitteln, in einem Gehirne zusammen, während sie bei andern wirbellosen Thieren aus geringen Nervenmassen entspringen, welche im Körper zerstreut sind. Ja, gleichwie das Gehirn der höchsten Thiere in einem Schädel eingeschlossen ist, wird das der Kopffüßer von einer Knorpelkapsel beschützt, an der sich Vertiefungen für die Augen und Höhlen für die Ohren befinden. Aber dem übrigen Knochen- und Wirbelsystem, wie es das Kennzeichen jener Abtheilung des Thierreichs bildet, haben sie nur einen Schild oder Schulp von Horn und Kalk, den einige Tintenfische im Fleische des Rückens tragen, an die Seite zu stellen.

Dieses Hartgebilde, welches in den Apotheken als Sepienknochen (Fig. II) verkauft wird, kann man am Strande der friesischen Inseln öfters finden, während lebende Kopffüßer hier so selten sind, daß die Insulaner, wenn sie manchmal einen in ihren Netzen finden, den Fang nicht zu schätzen wissen, sondern höchstens dem Fremden als eine Seltenheit zeigen. Allein gerade der häufigste, der Kalmar (**Loligo vulgaris Cuvier**, Fig. III) wird wegen seines feinen Fleisches in Italien gegessen und zu diesem Zwecke als nächtliches Thier bei Mondschein geangelt oder mit kleinen Dreizacken gespießt. Aber nicht nur den Gaumen, sondern auch das Auge erfreut dieser Tintenfisch durch seine schöne Farbe, welche am Kopfe und der Außenseite der Arme roth, unten mehr violet ist, übrigens vermittelst des schon erwähnten Farbenwechsels ins Bräunliche oder Gelbliche verändert werden kann. Daher ist er sicherer an der langen Gestalt seines cylindrischen, in einer viereckigen Flosse endigenden Körpers von den andern Kopffüßern zu unterscheiden. Auch der seinen Rücken stützende Schulp ist nur hornig und schlanker, als der erwähnte Sepienknochen, welcher dem gedrungener gebauten Kuttelfische (**Sepia officinalis Linné**, Fig. I und II) angehört. Sein breiterer Hinter-

Fig. III.

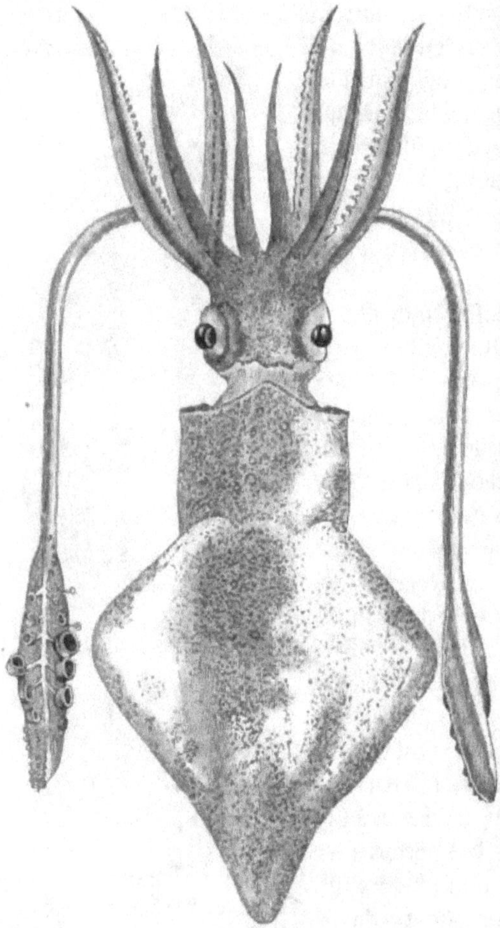

Der gewöhnliche Kalmar nach Verany, $^1/_2$ der natürlichen Größe.

leib ist außerdem auf jeder Seite vor einer bandartigen Flosse umsäumt, während er an der unteren Spitze gerade frei ist. Er findet sich ebenfalls im Mittelmeere häufig und wird da über anderthalb Fuß lang, erreicht also eine unter den niederen Thieren ungewöhnliche Größe.

Doch übertrifft ihn darin ein anderer Tintenfisch, der Seepolyp oder Achtfüßer (**Octopus vulgaris Lamarck**, Fig. IV), welchem Rückenplatte und Schwimmflossen ganz fehlen. Noch deutlicher unterscheidet derselbe sich dadurch von den vorigen, daß er, wie sein Name sagt, acht Arme trägt, während am Kopfe des Kalmars und des Kuttelfisches zehn stehen, nämlich acht kurze und zwei lange mit großen Saugnäpfen. Dagegen sind jene des Achtfüßers auch alle mit diesen Organen ausgestattet und unten durch eine Schwimmhaut verbunden, an der Spitze aber so lang und biegsam, daß sie das Thier, wie die Schlangen das Medusenhaupt, umgeben. Deshalb zeigt vorzüglich der Seepolyp ein schreckliches, spinnenartiges Aussehen, wenn er mit diesen Armen über den felsigen Grund wegläuft. Da er sich an solchem gewöhnlich aufhält, so ist es wohl erklärlich, warum er, wenn auch selten, bei Helgoland und den nordfriesischen Inseln gefunden wird, bei Norderney aber weder von Dr. Hartmann, noch von mir gesehen worden ist. Wahrscheinlich sagt auch den andern Tintenfischen der feinsandige Strand nicht zu, welcher die Küste unserer Insel so angenehm vor anderen Seebädern mit grobkiesigem Grunde, z. B. vielen englischen, auszeichnet. Daß aber doch diese Thiere in der offenen Nordsee nicht nur zufällige, von Strömungen hingeführte Gäste sind, beweisen die öfters am Ufer liegenden Eier, welche gruppenweise mit ihren Stielen an Tang und dergleichen befestigt sind und von den Friesen Seetrauben genannt werden.

Fig. IV.

Der gemeine Seepolyp nach Verany: Cephalopodes de la Mediterrannée, 1/4 der natürlichen Größe.

6. Schnecken.

Der Beobachtung zugänglicher sind die Schnecken, da sie nicht, wie die Kopffüßer schnell mit den schlanken Armen und dem kräftigen Trichter schwimmen können, sondern träge auf einem breiten von der Grundfläche des Körpers gebildeten Fuße, nach dem man sie auch Bauchfüßer (**Gasteropoda**) genannt hat, hinkriechen. Besonders findet man die Gehäuse, in denen sich diese hülflosen Thiere schützen, häufig, weil sie, aus hartem Kalke bestehend, noch lange nach dem Tode des Thieres erhalten bleiben. So liegen sie in großer Anzahl auf den weiten Flächen im Osten der Insel zerstreut, über welche im Sturm der Meeressand mit seinen Bewohnern weggeführt wird. Dort fällt das gelbliche, spitz gewundene, mit wellenförmigen Runzeln bedeckte Haus der gewellten Krullschnecke (**Buccinum undatum L.**, Fig. V, VI, X und XI) durch seine Größe auf. Dieselbe Schale findet man auch am Nordstrand, in den von der Fluth ausgeworfenen Tanghaufen, dann aber meistens von den oben bei den Gliederthieren beschriebenen Bernhardkrebsen bewohnt. Die weißlich gefärbte, schwarz punctirte Schnecke selbst, die das Haus erzeugt, findet man wohl manchmal in den Lachen, welche die Fluth am lehmigsandigen Südstrande zurückläßt. In solchem Boden gräbt sie sich ein, während sie durch die lange Athemröhre (Fig. X, s) mit dem Wasser in Verbindung bleibt. Außer dieser besitzt sie noch einen kräftigen Rüssel (Fig. VI), welcher durch die queren vorn über ihn laufenden Muskeln vorgeschoben und durch die in seiner Masse befindlichen ringförmigen auswärts gestülpt werden kann. Gewöhnlich ist er aber von den dahinter liegenden Fasern wie ein Handschuhfinger eingezogen und im Munde des Thieres verborgen. Der Rüssel enthält die lange Zunge, ein schmales Band mit zwei seitlichen und einer Mittelreihe von vielen vierspitzigen Zähnen

Fig. V.

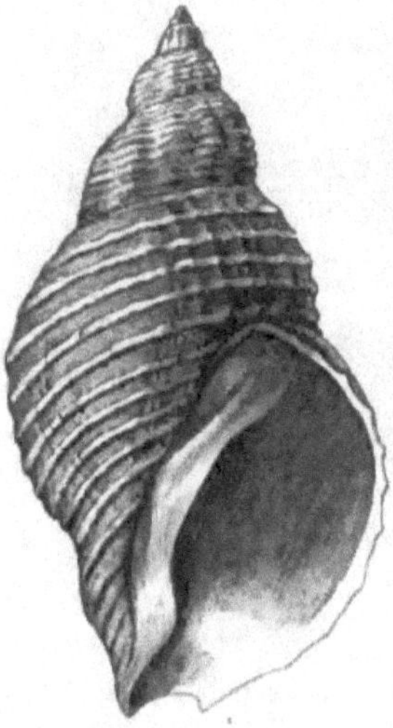

Das Haus der gewellten Krullschnecke.

Fig. VI.

Rüssel- und Rüsselmuskeln der Krullschnecke bei aufgeschnittenem Kopfe, nach Cuvier.

welches die Schalen anderer Schnecken anfeilen und durchbohren kann, während sie mit dem starken Rüssel festgehalten werden.

Vielleicht wegen dieser gefährlichen Ausrüstung der räuberischen Krullschnecke ist ihr Nachbar, die kleine Strandschnecke (**Litorina litorea Ferussac**, Fig. VII und IX) mit einem sehr festen, etwa eine Linie dicken Gehäuse versehen. Dieses läuft aus wenigen Windungen zusammengedrängt, spitzig zu und ist, wie das Thier selbst, bis auf den weißen Mundsaum schwarz gefärbt. Die Strandschnecke ist hier und an den benachbarten Küsten so verbreitet, daß sie in England, Holland und Frankreich, aber nicht in Deutschland, massenweise gegessen wird. Ihre eigene Nahrung besteht im Gegensatze zu der der Krullschnecke aus Pflanzen und ihre Weide sind die grünen Flocken der dünnfadigen Algen, welche in Menge in den Lachen des Wattstrandes umherliegen. Da lebt auf ähnliche Art die aschgraue Kreiselschnecke (**Trochus cinerarius Linné**) mit kegelförmigem, am Grunde flachen Gehäuse, welches sich in einer niedrigen eckigen Mündung öffnet. Während sie selten ist, bevölkert die Tangwasserschnecke (**Hydrobia ulvae Pennant**, Fig. VIII) in solcher Anzahl die brakigen Pfützen, daß sie manchmal durch das schwärzliche Thier ganz dunkel gefärbt werden. Dieses kleine Geschöpf sitzt entweder auf den Algenhaufen und streckt seine fadenförmigen Fühler weit hervor oder es gleitet langsam in hängender Lage über die Oberfläche des Wassers hin. Indem es nämlich die Sohle des Fußes in der Mitte einbiegt, wird es durch die entstandene Höhlung, wie ein Schiff durch die darin befindliche Luft, an der Oberfläche gehalten.

Fig. VII.

Das Haus der gemeinen Strandschnecke.

Fig. VIII.

Das Haus der Tangwasserschnecke.

Alle diese Schnecken nebst der mehr in der Tiefe wohnenden, daher am Gestade seltneren hufförmigen Thurmschnecke (**Turitella ungulina Linné**, Fig. XXXXIV) gehören zu einer Ordnung, deren Angehörige ein meist kegelförmiges, spitz gewundenes Gehäuse tragen. Sie besitzen ferner, wie alle ausschließlichen Wasserthiere, kiemenförmige Athmungswerkzeuge, deren Blättchen oder Fäden fransenförmig, wie die Zähne eines Kammes geordnet sind, so daß man sie Kammkiemer (**Ctenobranchiata**) genannt hat. Das Organ (Fig. X, b und b′) steht in einer großen Höhle, welche den Athemsack der Tintenfische vertritt, aber nicht unten am Leibe, sondern über dem Kopfe angebracht ist. Von jenen unterscheiden sich diese Schnecken auch dadurch, daß der sie umhüllende Mantel (m) nur am Rande wulstig und derb, außerdem aber zart ist, indem ihn noch die Schale bedeckt, welche er ja absondert. Nimmt man aus dieser das Thier heraus, so sieht man demnach durch die Decke jener Haut die Kiemen (b und b') und dahinter das Herz (cr), welches sich deutlich bei jedem Schlage zusammenzieht und ausdehnt. Weiter nach der Spitze der Windungen kann man die große braune Leber und den mit dem Munde durch die Speiseröhre verbundenen Magen auffinden. Das am Schlunde aufgerollte Zungenband trägt eine große Anzahl winziger spitzer Hornzähnchen, z. B. bei der kleinen Strandschnecke (Fig. IX) 600 Querreihen, welche unter dem Vergrößerungsglase wie sehr niedliche Mosaikarbeit aussehen. Außen ist der Schlund ringförmig von kleinen Gehirnknoten umgeben, welche durch feine Fäden verbunden sind, und die Nerven nach den Augen, Ohren, Fühlern und anderen Theilen des Körpers entsenden. Viele von denselben gehen nach den starken Muskeln, welche unter dem Speisecanal von der Spindel, dem innersten Theile der Schale, nach dem Fuße verlaufen und das Thier bei Gefahr in sein Haus zurückziehen. Zwischen diesen Fasern und dem Darme liegen noch andere, zum Theil sehr feine und

Fig. X.

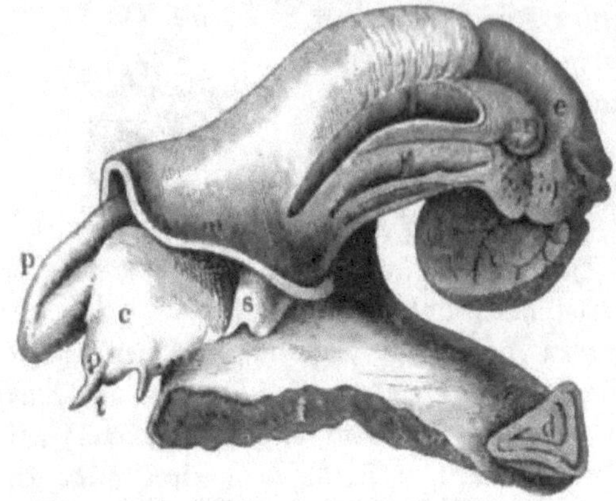

Eine aus der Schale genommene Krullschnecke nach Cuvier; c) Kopf, o) rechtes Auge, t) rechter Fühler, p) Ruthe, m) Rand des Mantels, der die beiden Kiemen bedeckt, b) große Kieme, b') kleine Kieme, s) die durch eine Ausstülpung des Mantelrandes gebildete Athemröhre, cr) Herz, e) Eingeweidesack mit Leber, Darm und Geschlechtstheilen, f) Fußsohle, d) Schalendeckel.

Fig. IX.

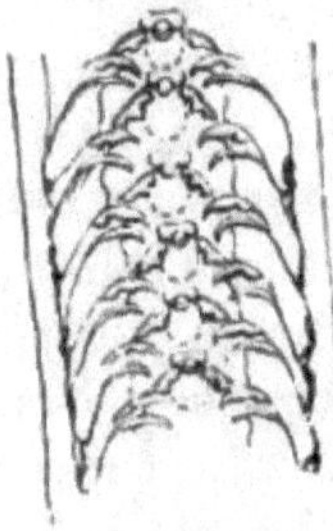

Einige Zahnreihen von der Zunge der Strandschnecken, 70 Mal vergrößert.

Fig. XI.

Die Brut der Krullschnecke nach Woodward's manual of the mollusca. a) Kapseln, b) freies Schneckchen gleich nach dem Auskriechen.

verwickelte Röhren: die Ausführungsgänge der Geschlechtsdrüsen. In denselben kann man auch zu bestimmten Zeiten die Eier finden, die nachher in großer Menge gelegt werden und bald die Keime der kleinen Thiere zeigen. Von diesen liegen bei der Krullschnecke (Fig. XI) fünf oder sechs in je einer Kapsel zusammen, bis sie reif geworden sind. Dann haben sie etwa eine Linie an Länge und sind sogleich mit einem gewundenen Gehäuse versehen.

Statt dessen trägt eine andere Ordnung von Schnecken, welche aber nur die eine Gattung der Käferschnecke umfaßt, acht schuppenförmig, dachziegelartig an einandergereihte Platten, neben denen sich noch der lederartige Mantel ausdehnt. Diese Thiere, nach der Stellung der Kiemen rings unter dem Rande jener Decke Kreiskiemer (**Cyclobranchiata**) genannt, kommen aber selten vor und man findet höchstens die gerandete Käferschnecke (**Chiton marginatus Pennant**, Fig. **XXXIV**), wenn sie sich an einem Holzstück oder Tang festgesetzt hat und damit an den Strand geworfen worden ist.

Fig. XXXIV.

Die gerandete Käferschnecke nach Pennant's British zoology.

Es giebt aber im nahen Meere auch Schnecken, welche gar keine Schale haben und bei denen der Mantel so verkümmert ist, daß die Kiemen frei und büschelförmig auf der Oberfläche des Leibes aufgepflanzt erscheinen. Dadurch haben sie ein viel zierlicheres und feineres Aussehen, als die beschaalten Bauchfüßer, denen sie wenig gleichen; aber auch unter sich sind sie sehr verschieden in der Gestalt. Dennoch hat man sie wegen jener gemeinschaftlichen anatomischen Einrichtung als Nacktkiemer (**Gymnobranchiata**) zu einer Ordnung vereinigt. Da sie bei dieser Blöße sich gern am Tange verstecken, oder in der Tiefe leben, auch meist klein sind, so bleiben sie Vielen, welche die Küste besuchen, ganz unbekannt. Allein die Aufmerksamkeit der Forscher haben sie schon durch ihre bunten Farben und mannigfaltigen Formen auf sich gezogen. So gefällt die an der deutschen Nordsee nicht seltene vierzeilige Vielhornschnecke (**Polycera quadrilineata O. Fr. Mueller**, Fig. **XXXI**) durch ihren schlanken, weiß und gelb gestreiften Körper, der vorn von den hornförmigen Fühlern, hinten sternartig von den buschigen Kiemen geziert wird.

Fig. XXXI.

Die vierzeilige Vielhornschnecke nach Alder & Hancock: a monograph of the British nudibranchiate mollusca.

Wenn auch den Kammkiemern oder gewöhnlichen Meerschnecken durch ihre äußere Form wieder ähnlich, sind doch die gewöhnlichen Land- und Süßwasserschnecken (**Pulmonata**) durch den Besitz von Lungen von den andern Weichthieren verschieden. Sie finden natürlich auf Norderney nicht viel passende Aufenthaltsorte und nur den Gräben der Franzosenschanze werden die meisten Teichschnecken (**Limnaeus stagnalis Linné, Paludina vivipara L.** und **Planorbis corneus L.**) nicht fehlen.

Während so die meisten Ordnungen der Bauchfüßer um unserer Insel vertreten sind, sucht man im nahen Meere vergebens die kleinen schalenlosen oder nur mit dünnen Schiffchen versehenen Kiel- und Flossenfüßer (**Heteropoda** und **Pteropoda**). Die ersteren heißen so, weil sich, anstatt des Fußes, ein kielförmiges Häutchen vorn mit einem Saugnapf längs des unteren Körperrandes hinzieht; die Flossenfüßer aber tragen als Bewegungswerkzeuge am Kopfe zwei seitenständige Schwimmlappen. Damit rudern sie geschickt oder saugen sich an Tangfäden fest, während sie natürlich am Strande nicht umherkriechen können. Deshalb lieben diese Thiere die offene See und bevölkern schaarenweise den Ocean, vermeiden aber die flachen Küsten der deutschen Inseln.

7. Muschelthiere.

So sehr sich auch die kleinen Schwimmer der zuletzt erwähnten Ordnungen und die großen entwickelten Kopffüßer von den plumpen Schnecken unterscheiden, verlangt doch der allen gemeinsame Besitz eines Kopfes mit Mund und Sinneswerkzeugen, daß man sie den kopflosen Weichthieren, also hauptsächlich den Muscheln gegenüber, vereinige. Dazu kommt, daß die einschaligen Gehäuse das Kennzeichen der Kopftragenden bilden, während die beiden Lappen, in welche der Mantel der Muschelthiere getheilt ist, zwei Kalkschalen absondern. Ihnen entsprechen auch die doppeltpaarigen feingestreiften Kiemenblätter (k), welche, jederseits dem Mantel anliegend, den Thieren den Namen der Blattkiemer (**Lamellibranchiata**) verschafft haben. Zwischen Schalen, Mantel und Kiemen liegt der fleischige Leib des Thieres, der am freien Rande musculös und verschieden geformt, das Bewegungsorgan oder den Fuß (f) darstellt. Dieser ist hinten an die Masse der Eingeweide (e) angewachsen, von denen sich der lange Darm zum Theil durch seine Fleischmasse durchwindet. An der Mundöffnung desselben befinden sich zwei Lappen, die Lippentaster (t), während das Afterende gewöhnlich wundersamer Weise vom Herzen umschlungen wird. Darüber liegt der Vereinigungspunkt oder das Schloß (sl) der Schalen, wo sie durch mehrere Leisten oder Zähne (sz), denen an der gegenüberliegenden Stelle Gruben und Furchen von derselben Anzahl und Tiefe entsprechen, an einander gelenkt sind. Ebenfalls am Rücken, aber weiter nach hinten erstreckt sich das knorplig sehnige Schloßband, dessen Zug die Schalen aufmacht, wenn sie durch Contraction der innern Muskeln, welche von der einen quer durch das Thier zur andern laufen, geschlossen war. Freilich ist dieses Zuziehen neben der Streckung des Fußes die einzige Bewegung, welche die Thiere ausführen können, aber der Gebrauch und Erfolg ihrer Muskelthätigkeit ist sehr verschieden. Manche können durch Oeffnen und Schließen der Schalen schwimmen; einige mit dem Fuße kriechen, sich fortstoßen, ja springen; viele kleben durch Fäden mit ihrer Umgebung zusammen, wie die Mießmuscheln, oder wachsen auf ihrer Unterlage fest, wie die Austern; noch andere graben sich gar Löcher in Holz, Stein, Erde oder Sand und bringen da ihr Leben zu.

Fig. XII.

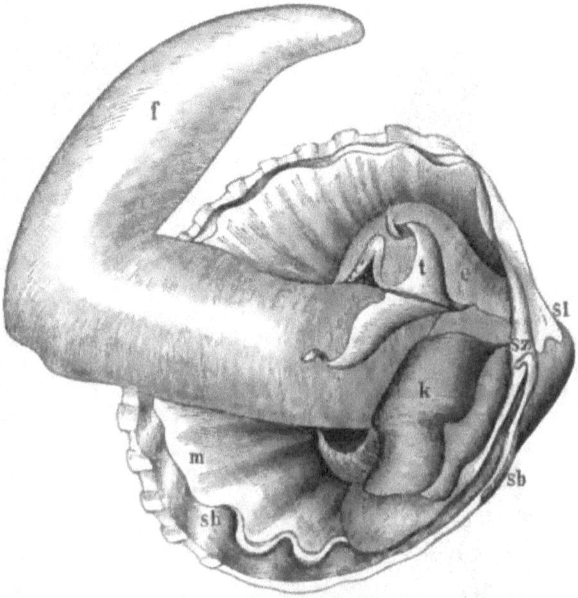

Das Innere der stachlichen Herzmuschel nach O. Fr. Mueller: Zoologia Danica: sh) Schale, sl) Schloß, sb) Schloßband, sz) Schloßzähne, t) Lippentaster, m) Mantel, k) Kiemen, e) Eingeweide, f) Fuß.

Unter den letzteren ist am bekanntesten der Bohrwurm oder die Pfahlmuschel (**Teredo navalis L., fatalis Quatrefages**, Fig. **XIII**), welche sich, wie ihr Name sagt, das Holz zum Aufenthalt gewählt hat. Daher fügt sie Schiffen und Hafenbauten vielen Schaden zu und verursachte die großen Deichbrüche an der holländischen Küste, durch welche im Jahre 1730 das Land in die Gefahr gebracht wurde, größtentheils überschwemmt zu werden. Uebrigens wird das gefährliche und vorzüglich wegen seiner hinten angebrachten Athemröhren fußlange, aber nur fingerdicke Thier von ganz schwachen und kleinen, vorn und hinten offenen Schalen am Vorderende bedeckt. Da hat es auch noch kleine Kalkplättchen in der musculösen Platte, mit der es das Holz abschabt, dessen Spähne es mit dem Munde verschluckt und hinter sich durch den After

Fig. XIII.

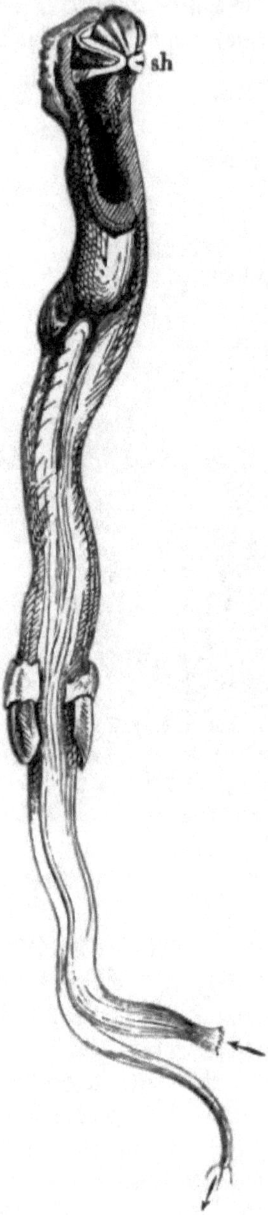

Die Pfahlmuschel nach Quatrefages.
sh) Schale.

Fig. XIV.

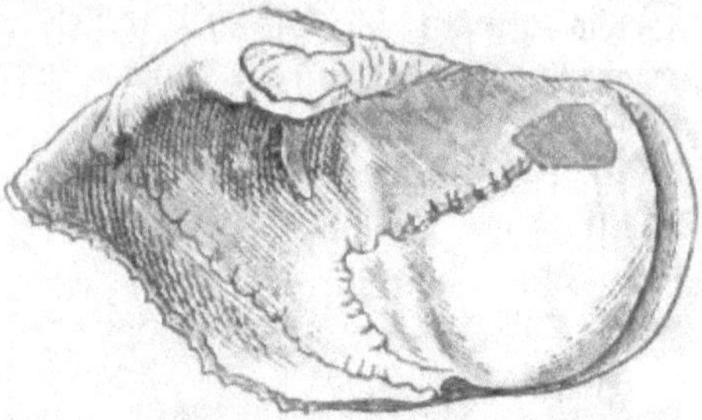

Die rechte Schale der gekräuselten Bohrmuschel von innen.

Fig. XV.

Rückenansicht des Steinbohrers nach Sowerby.

Fig. XVI.

Die linken Schale der weißen Bohrmuschel.

entleert. Die so gebohrten gewundenen Gänge kleidet die Pfahlmuschel mit einer von der Haut abgesonderten Kalkröhre aus, wie man sie häufig die angeschwemmten Holzstücke durchziehen sieht. Die Muschel selbst aber findet man selten in denselben, obgleich sie auch die Nordseehäfen heimsucht.

Desto häufiger liegen am Strande die Schalen der Bohrmuscheln oder Pholaden, vorzüglich die der kleinen weißen Art (**Pholas candida L.**, Fig. XIV). Seltener finden sich die eben so zierlich gerippten des Steinbohrers (**Pholas dactylus L.**, Fig. XV), welche zum Unterschied am vorderen Ende etwas länger ausgezogen sind. Größer und fester ist die der gekräuselten Bohrmuschel (**Pholas crispata L.**, Fig. XVI), welche mit einer weiten runden Oeffnung vorn und hinten klafft und auf der Seite eine deutliche Querriefe zeigt. Diese Muscheln beschädigen nicht das Holz, sondern bewohnen Steine und Thone, so daß man sie manchmal in Klumpen dieses Materials, welche an der Küste Norderney's ausgeworfen werden, eingeschlossen findet. Zu ihren Bohrbewegungen bedürfen die Pholaden, wie die Pfahlmuscheln, einer starken Musculatur, welche durch einen Haken am Schlosse gestützt wird. Die Schalen aber, zum Schutze des Thieres unnöthig, sind sehr schwach, an beiden Seiten offen oder hinten gar in eine Röhre verlängert, damit die Verbindung des eingebohrten Thieres mit dem Meerwasser nie abgeschnitten werde.

Eben so wenig geschlossen sind auch die Muscheln der folgenden Familien, der Scheide und der Klaffmuscheln. Die erstere ist durch die Messer, die Säbel und die schotenförmige Scheide (**Solen vagina L.**, **Solen ensis L.** und **Solen siliqua L.**, Fig. **XVII** und **XVIII**) vertreten und fällt gleich durch die länglich rechteckige Gestalt der Schalen auf, welche zusammen eine Röhre bilden, so daß sie ihren Namen mit Recht führt. Durch diesen Bau sind die Thiere befähigt, von ihrem Fuße unterstützt, sich schnell einige Fuß in den Sand am Rande des Meeres einzubohren und es ist daher sehr schwer, dieselben zu fangen. Einen regelmäßig eirunden Umfang aber hat die Sandklaffmuschel (**Mya arenaria L.**), deren gelbliche Schalen zahlreich den Strand an den weißen Dünen bedecken und den Ostfriesen als groote Migher bekannt sind. Denn sie erreichen von allen Lamellibranchiern der Nordsee die bedeutendste Größe, indem sie etwa 6 Zoll lang und 3 Zoll hoch werden. Die der andern hierher gehörigen Art, der abgestutzten Klaffmuschel (**Mya truncata L.**, Fig. **XIX**) sind kleiner, werden daher auch lutje Migber genannt, und unterscheiden sich dadurch von ihnen, daß sie hinten senkrecht abgeschnitten sind. So gleichen sie wieder den Scheidemuscheln, mit denen aber die Klaffmuscheln wegen ihres starken rechtwinkligen Vorsprungs am Schloß der linken Schale, welche mit einer entsprechenden Vertiefung der rechten durch das Band verbunden ist, nicht verwechselt werden können.

Dieser Vorsprung ergänzt gewissermaßen das mangelhafte Schloß der genannten Muscheln und fehlt daher den meisten andern, bei denen dafür die Zähne scharf ausgeprägt, meist zu 3 oder 4 spitzwinklig von dem Gipfel des Schlosses her auseinanderlaufen. Deutlich zeigt das die gewöhnlichste

Fig. XVII

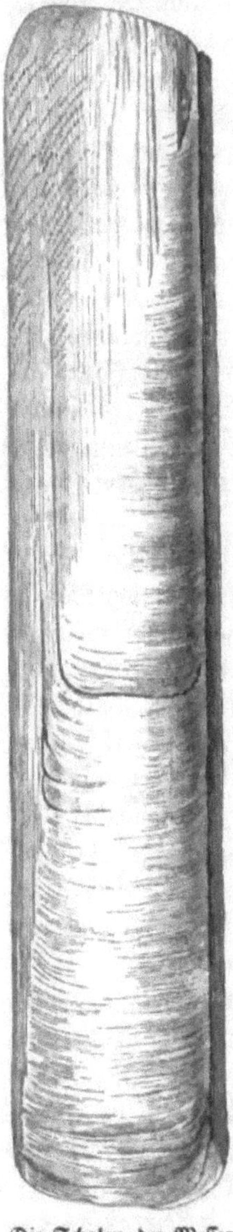

Die Schalen der Messerscheidemuschel.

Fig. XIX.

Rückenansicht der linken Schale der abgestutzten Klaffmuschel.

Fig. XX.

Die eßbare Herzmuschel von hinten, bd) Schloßband.

Fig. XXI.

Die Stumpfmuschel.

Fig. XVIII.

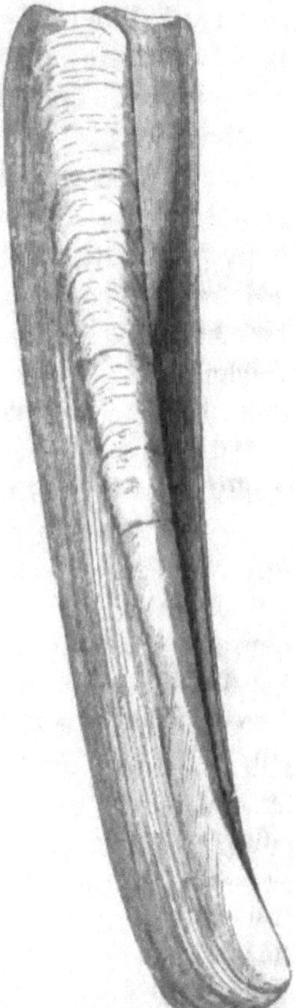

Die etwas auseinandergelegten Schalen der Säbelscheidemuschel.

Muschel der deutschen Küsten, die eßbare Herzmuschel (**Cardium edule Linné**, Fig. XX), leicht erkennbar an der Form ihrer Schalen, die, im geschlossenen Zustande von der Seite angesehen, das Aussehen eines Kartenherzens darbieten. Außen sind sie weißlich gefärbt und haben viele wellige Rippen, die strahlenförmig von der Spitze nach dem gekräuselten Rande zulaufen. Unter diesem kommt bei ruhiger Lage oft der große knieförmig gebogene Fuß hervor, wie er an der Abbildung von der stachlichen Herzmuschel (**Cardium echinatum Linné**, Fig. XII) zu sehen ist. Mit dem muskelkräftigen Organe können sich die Thiere auf dem Sande fortstoßen, ja sogar in die Höhe schnellen, so wie sich in den Grund einbohren; halten sich aber dann nach der Oberfläche zu ein Loch offen, durch welches sie zeitweise das zum Athmen verbrauchte Wasser ausspritzen. Diese Eigenschaften werden leicht beobachtet, da die eßbaren Herzmuscheln so häufig sind, daß man sie an vielen Küsten ißt und die Schalen wegen ihrer Härte, wie oben erwähnt, zum Aufschütten der Wege und wegen der Reinheit des in ihnen enthaltenen kohlensauren Kalkes zur Darstellung von Mörtel verwendet. In dieser Beziehung bietet das nützliche Thier dem friesischen Fischer ein karges Nebenverdienst, wenn er wenig Gelegenheit zu andern Beschäftigungen findet. Seltener aber ist die stachliche Herzmuschel, welche sich noch dadurch von der eßbaren unterscheidet, daß sie weniger Rippen hat, dunkler gefärbt und viel größer ist.

Wie die Herzmuscheln kann sich die Stumpfmuschel (**Donax anatinus Linné**, Fig. XXI) mit dem Fuße in den Sand graben oder auf demselben fortschleudern, und durch solche Bewegungen nach der See retten, wenn sie verfolgt wird. Ihre dreiseitige Schale ist dick und fest, innen weiß wie Porzellan, außen braun, von vielen strahlenförmigen Linien zart gezeichnet, so daß der Rand fein gezähnelt erscheint. Dieselbe Lebensweise und denselben Aufenthalt hat auch die Trogmuschel (**Mactra solida Linné**, Fig. XXIV) von der Form eines gleichseitigen Dreiecks, gewöhnlich grau gefärbt mit hellen concentrischen Bändern. Ihr ähnlich, nur mit viel dünneren und schwächeren Schalen versehen, ist **Scrobicularia piperata Gmelin** (Fig. XXII), welche

Fig. XXIV.

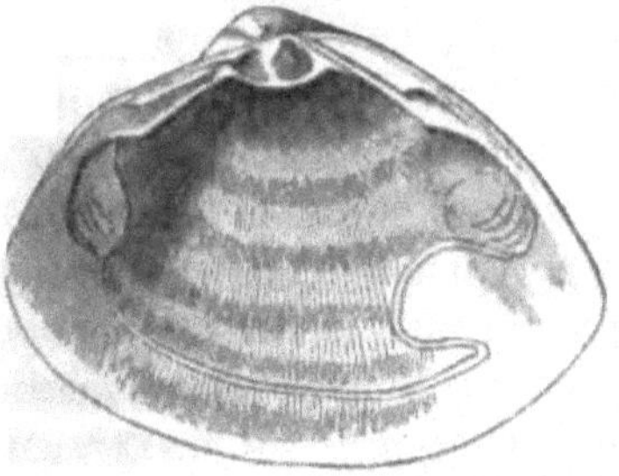

Die linke Schale der Trogmuschel nach Woodward.

Fig. XXII.

Scrobicularia piperata.

senkrecht in dem Schlamme des Wats 5 bis 6 Zoll tief vergraben liegt, in dem sie ihre Athemröhre fünfmal so lang, als der Körper ist, ausdehnt.

Die ihr verwandten Tellmuscheln, von denen die baltische (Tellina baltica Linné, Fig. XXIII), so wie die dicke (Tellina crassa Pennant) und die dünne Tellmuschel (Tellina tenuis Lamarck) überall häufig gefunden werden, sind kleiner als die vorigen, von ziemlich dreieckiger Gestalt, vorn abgerundet, hinten eckig und mit einer sanften Falte umgebogen. Sie sind mit zart rothen oder gelben concentrischen Streifen auf dem weißen Grunde schön gefärbt, innen gewöhnlich röthlich. Noch lebhaftere Farben und feinere Zeichnungen haben aber die Tellmuscheln aus den Tropenmeeren, zu Prachtstücken der Sammlungen gemacht. Das gilt auch besonders von den dickschaligen, am Rande gezähnelten Venusmuscheln, von denen manchmal Venus gallina hier angetroffen wird.

Fig. XXIII.

Die baltische Tellmuschel.

Diesen schönen Thieren ist bei ihrem Unvermögen mit dem schmaleren Fuße, wie die vorher erwähnten Gattungen den Sand auszuhöhlen oder den Körper auf seiner Oberfläche hinzuziehen, eine viel schönere Bewegung verliehen, da sie bei offener Schale in dem Meere umherschwimmen können. Auch legen sie sich wie Schiffe vor Anker, indem sie aus einer Drüse am Fuße spinnwebartige Federn absondern, welche frisch ankleben und später verhärten. Ein solches Gespinnst, Bart oder Byssus genannt, kann zum Weben benutzt werden, und man hebt in vielen Museen aus diesem Stoffe bereitete Handschuhe auf.

In noch ausgedehnterem Maße versteht die Mießmuschel (Mytilus edulis Linné, Fig. XXV) auch kurz Mossel genannt, sich festzuhalten, aber dafür der freieren Bewegung des Schwimmens nur in der Jugend theilhaftig. Dann schwärmt die Brut in großer Menge dicht unter der niedrigsten Ebbe, bis sie im Verlaufe des ersten Jahres ausgewachsen ist. Darauf spinnen sich mehrere Muscheln mit ihrem festen und rauhen Barte zu einem Netze an einander und schützen sich nach Außen, indem sie auch leere Schalen, Seetang und andere Gegenstände einweben. Die so gebildeten Haufen von Muscheln und Algen, zugleich ein Lieblingsaufenthalt für Strandschnecken, liegen an geschützten Stellen des Südstrandes zwischen der Höhe der Ebbe und Fluth in außerordentlich großer Menge. Weil sie so häufig vor=

Fig. XXV.

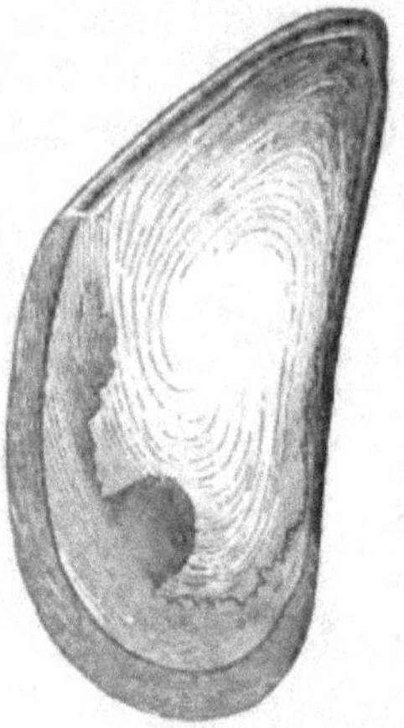

Die linke Schale der eßbaren Mießmuschel.

kommen, werden die Mießmuscheln als Fischköder und als Nahrungmittel benutzt und z. B. bei Edinburgh 30 bis 40 Millionen jährlich von ihnen gesammelt und 40,000 verspeist. Auf unseren Inseln werden sie aber als schädlich verschmäht, obgleich die auf den Genuß derselben manchmal erfolgten Erkrankungen wohl nur den todten Exemplaren, die unter die frischen gemengt waren, zuzuschreiben sind.

Eine bessere Speise und ein edleres Aussehen bieten die Kammuscheln dar: die Schale ist regelmäßig fächerförmig gerippt das Schloß ist spitz und hat nur ein kleines Band, ist aber durch das seitliche Ohr gestützt. Unter dem halskransenförmigen Außenrande ist der Mantel zu sehen, zwischen dessen Blättern die vielen, von Reihen heller Fransen umgebenen schwarzen Augen hervorglänzen, wenn sie die Schalen geöffnet haben. Ihre Bewegung ist ähnlich der der Mießmuscheln: in der Jugend schwimmen auch sie frei durch plötzliches Oeffnen und Schließen der Schale, so daß ihr ruckweises, aber pfeilschnelles Hin- und Herfahren ein ergötzliches Schauspiel gewährt. Die Ausgewachsenen befestigen sich aber mit dem Barte und im Alter klebt selbst eine der flachen Schalen auf dem Boden oder auf einer andern Muschel fest. So bilden sie an manchen Küsten, z. B. nördlich und westlich von Irland ausgedehnte Bänke, 98 bis 150 Fuß unter dem Meeresspiegel, während bei uns nur zuweilen Kammuscheln einer kleinen Art (**Pecten opercularis Linné**, Fig. **XXVI**) vorkommen.

Fig. XXVI.

Die Kammuschel.

Dagegen finden sich die wohlschmeckenden Austern (**Ostrea edulis Linné**, Fig. **XXVII**) in der deutschen Nordsee und kommen auch bei der Nachbarinsel Borkum, zahlreicher aber zwischen den nordfriesischen Inseln Sylt und Föhr und der schleswigschen Küste vor. Dort liegen sie lose am Meeresboden, 6 bis 100 Fuß tief, und scheinen am besten in einem tiefen, klaren und strömenden Wasser auf sandigem Boden gedeihen zu können. So bilden sie um

Fig. XXVII.

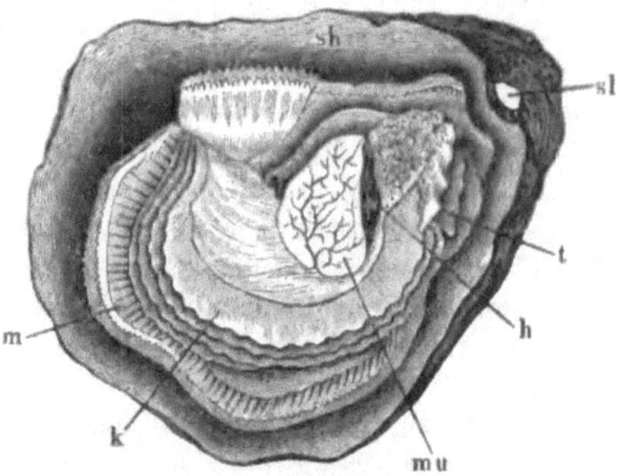

Das Innere der eßbaren Auster nach Milne Edwards: sh) Schale, sl) Schloß, mu) Schließmuskel, k) Kiemen, t) Lippentaster, h) Herz, m) Mantel.

Sylt 20 Austernbänke, an denen 19 Mann auf 9 Schiffen jährlich gegen 1200 Tonnen Austern fischen. Da diese Arbeit an und für sich schwer ist, und in der rauhesten und kältesten Jahreszeit getrieben wird, müssen die Austernfänger starke und abgehärtete Leute sein. Ihre Schiffe, kleine einmastige, nicht tief gehende Fahrzeuge, nehmen, während sie über einer Austernbank hin- und herfahren, die Muscheln in ein auf dem Meeresboden nachgezogenes eisernes Geräthe auf. Dasselbe besteht aus vier Eisenstangen, von denen die eine messerartig die Austern abschabt oder „streicht", so daß sie in den aus eisernen Ringen gebildeten Sack, der daran befestigt ist, fallen. Wenn dieser voll ist, wird er heraufgezogen und ausgeleert; nachdem der Fang dann von Unrath und junger Brut gereinigt ist, werden die Austern in Tonnen auf die erhabene Schale gelegt und nach Dänemark, Rußland oder Deutschland zum Verkauf gesandt. (Nach Hansen's „Insel Sylt".)

Anderwärts, z. B. in England und Holland, werden außer diesen „Seeaustern" auch „Natives" gewonnen, welche künstlich aufgezogen und gefüttert sind. Dazu sammelt man den Laich, welcher im Mai und Juni geworfen wird, und bringt ihn in besondere, etwas Seewasser enthaltende Gräben oder Teiche, „Parks" genannt. Wenn darin viele grüne Algen wachsen, so werden die Austern auch so gefärbt und heißen dann „grüne Austern." In den Parks leben die Thiere so gut wie im Meere selbst, brauchen aber 5 bis 7 Jahre zum Auswachsen, während die Seeaustern in 4 Jahren ihre volle Größe erreicht haben. Diese ist bei den verschiedenen Unterarten in den verschiedenen Gegenden sehr ungleich, und es sollen in dieser Beziehung die von Venedig die übrigen übertreffen, während man versteinerte aus früherer Zeit von 2 Fuß Länge findet. Auch die Beschaffenheit der Schalen ist sehr wechselnd, indem besonders die von heftiger Brandung bespülten rauh und dick werden. Alle zeigen eine Anzahl Schichten, die, wie die Jahresringe der Bäume, das jährliche Wachsthum andeuten. Danach hat man als das gewöhnliche Alter der Austern von Sylt höchstens 10 Jahre anzunehmen, während einzelne bis 25 Ringe und darüber aufweisen. Viele Seethiere, Fische, Kopffüßer, Schnecken, Seesterne u. s. w. scheinen ihnen nachzustellen; allein ihr größter Feind ist ein Schwamm (Cliona), welcher in die Schalen von todten, wie von lebenden Austern eindringt: erst macht er nur kleine runde Löcher, aber allmählich wird die ganze Muschel zerstört und fällt in Stücke. Noch größeren Gefahren sind die Parkaustern ausgesetzt, da sie im Winter leicht, vom Froste überfallen, absterben, auch nicht ordentlich laichen, sondern häufig in der Brutzeit zu Grunde gehen. Dennoch ist diese Sitte schon sehr alt und war bei den Römern fast noch verbreiteter als jetzt, wie man aus der Erzählung von Plinius im 9. Buche, §. 79, schließen muß: „Austernweiher hat zuerst Sergius Orata im Bajanischen erfunden, zur

Zeit des Redners Crassus, vor dem Marsischen Krieg; nicht für seinen Gaumen, sondern aus Geiz, weil ihm dieser Einfall sehr viel eintrug. Er hat zuerst die lucrinischen Austern für die besten erklärt: denn die nämlichen Wasserthiere werden an einem Orte besser als am andern. Aus Britannien bekam man noch keine Austern, als Orata die lucrinischen für die besten erklärte. In der Folge hat man es der Mühe werth gehalten, die Austern von Brindisi, am äußersten Ende Italiens, kommen zu lassen, und damit kein Streit entstände, welches die besten wären, so ist man kürzlich auf den Einfall gekommen, die auf der langen Reise ausgehungerten in dem lucrinischen Weiher zu mästen."

Später kam die Sitte im Abendlande ab, so daß man sich wunderte, wie die Constantinopolitaner die Austern säeten, d. h. die trächtigen Weibchen, in deren Kiemen die jungen Thiere leben, in Stücke schnitten und diese in die flachen Teiche ausstreuten. So machen es auch die Chinesen, die, wie die Indier, Australier und andere Seevölker, Austern, wenn auch von andern, als unserer, fälschlich durch den Beinamen „eßbar" ausgezeichneten Austernart, als Leckerbissen verzehren. Bei uns liebte man sonst diese Speise mehr gebraten, gedämpft, auch in Kuchen, Pasteten u. dergl. gebacken; jetzt wird sie bekanntlich im gebildeten Europa massenhaft roh genossen, so daß allein in London jährlich viele Millionen verspeist werden (Oken: Naturgeschichte für alle Stände).

8. Seescheiden.

Den Muscheln in der trägen Lebensweise und in der Nahrung von ganz kleinen Pflanzen und Thieren, wie sie, im Meere umherschwimmend, ihnen gerade in den Mund kommen, ähnlich, weichen doch die Seescheiden (**Ascidiae**) im Aussehen sehr von ihnen ab. Sie tragen nämlich statt der festen Kalkschalen biegsame Hüllen, bald von lederartiger, bald von weicher durchsichtiger Beschaffenheit, in denen sie aber, nur an zwei Punkten befestigt, wie ein Sack herabhängen. Denn der zarte Mantel, welcher das Thier umgiebt, geht nur an den Oeffnungen des Mundes und Afters in jene äußere und unempfindliche Hülle über. Nur bei der Berührung der beiden Löcher ziehen sich die Thiere rasch zusammen, indem sie, wie es viele Muscheln beim Schließen der Schalen thun, einen Wasserstrahl aus der hinter der äußeren Mundöffnung gelegenen weiten Höhle ausspritzen. Diese giebt sich durch die feine Gefäßverästelung an ihren Wänden als Athmungswerkzeug zu erkennen und zeigt an ihrem unteren Ende die Oeffnung in den Magen, welche zur Einführung der Speisen dient, daher den eigentlichen Schlund darstellt. Das äußere obere Loch bedeutet also nur die Pforte zur Kiemenhöhle, das andere äußere, meist weiter nach unten gelegene aber ist der After. Beide Oeffnungen sind selten einfach und ganzrandig, meistens ist wenigstens die zu der Athmungshöhle führende gespalten: so in vier Strahlen bei der Gattung Cynthia, die meistens von einem undurchsichtigen mißfarbenen Sack umhüllt ist; in sechs und mehr, meistens acht Strahlen bei der Gattung Phallusia mit dünner gallertarartiger Außenhülle. Die dritte Gattung dieser Classe, die der Clavellinen, ist ebenfalls von einem zarten Sacke umgeben, aber ihre Mundöffnung ist rundlich und der Körper verwächst nicht allein mit dem Boden, sondern auch mit ihren Nachbarn und entsendet Ausläufer.

Fig. XXVIII.

Die gemeine Meerscham auf Tang nach der Zoologia Danica.

Von den Cynthien kommt eine große, 6 Zoll und eine kleine, 2 Zoll erreichende Art vor, welche durch dieses Größenverhältniß zu unterscheiden sind. Desto schwerer sind sie zu finden, da die erstere sich gewöhnlich ganz mit

Fig. XXIX.

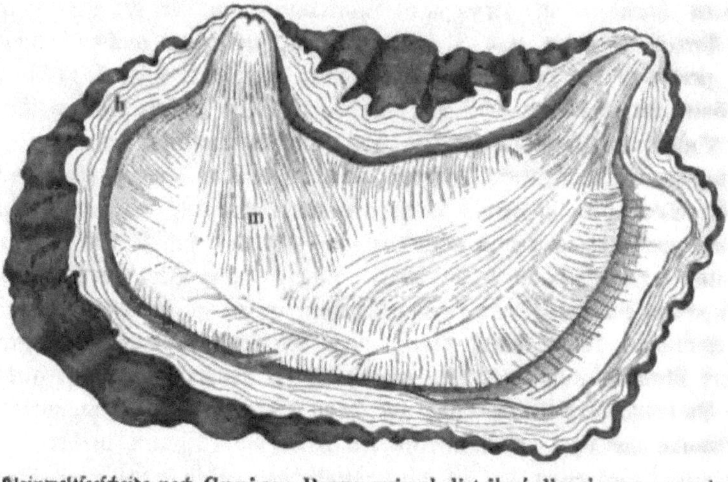

Die Kleinweltseescheide nach Cuvier: Regne animal distribné d'après son organisation. h) Hülle, m) Sack des Mantels mit dem Thiere darin.

Seegras, Muschelschalen und andern fremden Stoffen überklebt und die andere von grauer Farbe kaum auf den Austerschalen, auf denen sie gewöhnlich festsitzt, erkannt, sondern als eine kleine unebene Erhöhung übersehen wird. Sie heißt die hinkende Cynthie (**Cynthia olandicans Savigny**), die erstere die Kleinweltseescheide (**Cynthia microcosmus Cuv.**, Fig. **XXIX**), weil sie gleichsam eine kleine Welt um sich herum trägt.

Dem Volke bekannter und mit dem deutschen Namen Meerscham belegt worden, ist eine schöne Phallusie (**Phallusia monachus Cuv., Ascidia mentula Zool. Dan.**) von bräunlicher Farbe und einem mehr als 3 Zoll betragenden Umfange. Noch niedlicher ist die gemeine Phallusie (**Phallusia intestinalis Sav., Ascidia corrugata Zool. Dan.**, Fig. **XXVIII**), mit hellem Sacke, durch den das grünliche Thier durchscheint, und mit orangefarbenem Mundsaum. Sie lebt schon gruppenweise zusammen auf Felsen, Muscheln und Tang, so daß sie den Uebergang zu den verwachsenen Seescheiden bildet. Unter diesen ist ihr auch die schneckenförmige Keulenscheide (**Clavelina lepadiformis Sav.**, Fig. **XXX**) ähnlich und unterscheidet sich für den ersten Blick nur durch die mehr rothe Farbe des durch den Sack schimmernden Thieres, während man beim genauen Hinsehen den Mangel der bunten Strahlen an der runden Mundöffnung bemerkt.

Fig. XXX.

Die schneckenförmige Keulenscheide nach Woodward.

Außer diesen Gattungen giebt es noch eine Menge kleinerer Seescheiden, die innig mit einander verbunden sind, so daß sogar die Afteröffnungen in einen gemeinschaftlichen Ausführungsgang einmünden. Allein, obschon den einfachen Thieren ihrer Classe in der innern Einrichtung fast gleich, erscheinen doch die Haufen der meisten, welche die Gegenstände auf dem Grunde unserer Meere überziehen, so schwammig und unregelmäßig, daß sie bei ihrer geringen Größe kaum unsere Aufmerksamkeit verdienen.

Eben so wenig sind die Salpen zu berücksichtigen, die wie die oceanischen Gattungen der Flossen- und Kielfüßer unter den Schnecken, nicht an unsere Küste gelangen, während sie seit dem Dichter und Naturforscher Chamisso vielfach auf größeren Seereisen untersucht worden sind.

Die Strahlthiere.

Von K. Martin.

9. Stachelhäuter.

Im Gegensatze zu dem formlosen Leib der Weichthiere ist die Oberfläche der meisten Stachelhäuter (Echinodermata) mit Stäbchen besetzt und durch Einlagerung von Kalkschuppen starr. Da hierzu meist eine feine Gliederung des oft zackig ausgezogenen Körpers kommt, gewähren sie dem Auge einen mannigfaltigeren und anziehenderen Anblick, als jene. Allein gerade die feinsten Formen fehlen den deutschen Küsten und kommen überhaupt fast nur versteinert vor, z. B. der lilienförmige Enkrinus, dessen Stengelglieder sich in Schichten unseres Muschelkalkes in zahlloser Menge finden, während die prachtvolle Krone nur selten erhalten ist.

Fig. XXXII.

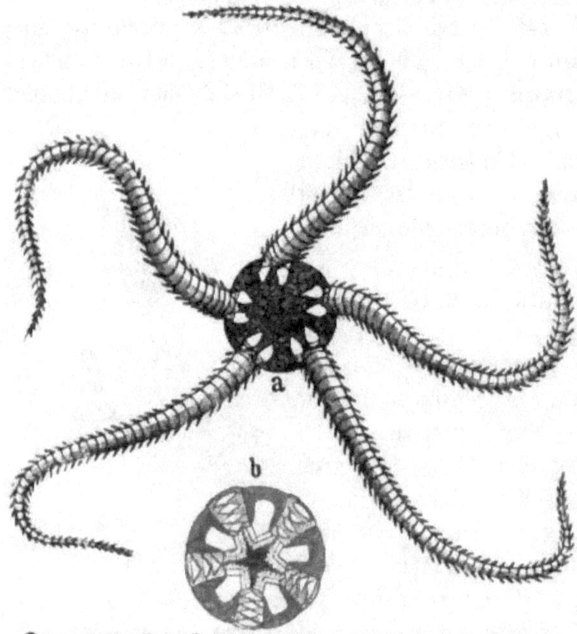

Der gemeine Sandstern nach Edw. Forbes: a hystory of British starfishes. a) ganzes Thier von der Rückenseite. b) Rumpfscheibe von der Bauchseite.

Aber die Schlangensterne (Ophiuridae) mit ihren langen Armen treiben sich zahlreich in der Nordsee umher und thuen den Austerbänken viel Schaden, weil sie gefährliche Räuber sind: Geschickt beschleichen sie andere Seethiere, selbst Schnecken und Muscheln, und saugen das Fleisch aus der Schale heraus. Zu diesem Zwecke verschlingen sie die Beute gewöhnlich durch den dehnbaren Rachen in den weiten Magen, um die Schale später wieder durch dieselbe Oeffnung auszuwerfen. Ist aber das Thier zu groß, so stülpen sie den Schlund nach außen und drücken ihn tief in die Schneckenhäuser und Muschelschalen, welche sie mit den langen gewandten Armen halten, hinein. Diese sitzen, mit Schuppen bepanzert, von gelenken Säulen kalkiger Ringe gestützt und mit großer Muskelkraft versehen, an der Scheibe des Rumpfes. Die Schuppen tragen seitliche Fortsätze oder Zacken, die entweder anliegend und kurz sind oder fransenförmig weit abstehen. Die mit längeren besetzten Schlangensterne haben in hohem Grade das Vermögen, ihre Arme in viele Stücke zu zersprengen, wenn sie angefaßt werden. Sie sind daher schwer für Sammlungen zu fangen und nur zu erhalten, wenn man sie gleich aus dem Meere in ein Gefäß mit Süßwasser wirft, in welchem sie augenblicklich sterben.

Fig. XXXIII.

Der graue Spródstern nach Forbes.

Unter diesen von Forbes, einem schottischen Naturforscher, „brittle stars", auf deutsch „Spródsterne", genannten Thieren ist gerade der schönste, bunteste und häufigste am meisten zerbrechlich. Dieser gemeine Spródstern (**Ophiocoma rosula Linck, Ophiothrix fragilis Mueller & Troschel**) fehlt, wie an allen felsigen Küsten Europas, auch bei Helgoland nicht, während auf dem sandigen Grunde bei Norderney öfter der kleine graue Spródstern (**Ophiocoma neglecta Johnston, Ophiolepis squamata Mueller & Troschel**, Fig. **XXXIII**) gefunden wird. Dagegen sagt unser Theil der Nordsee den von Forbes „Sandsterne" genannten Schlangensternen mit glatten Schuppen sehr zu, und der gemeine und der kleine Sandstern (**Ophiura texturata Lamarck** und **albida Forbes**, welche Johannes Müller und Troschel als **Ophiolepis ciliata** zusammengefaßt haben) sind an allen Küsten unseres Meeres von England bis nach Schleswig-Holstein nicht selten.

Fig. XXXX.

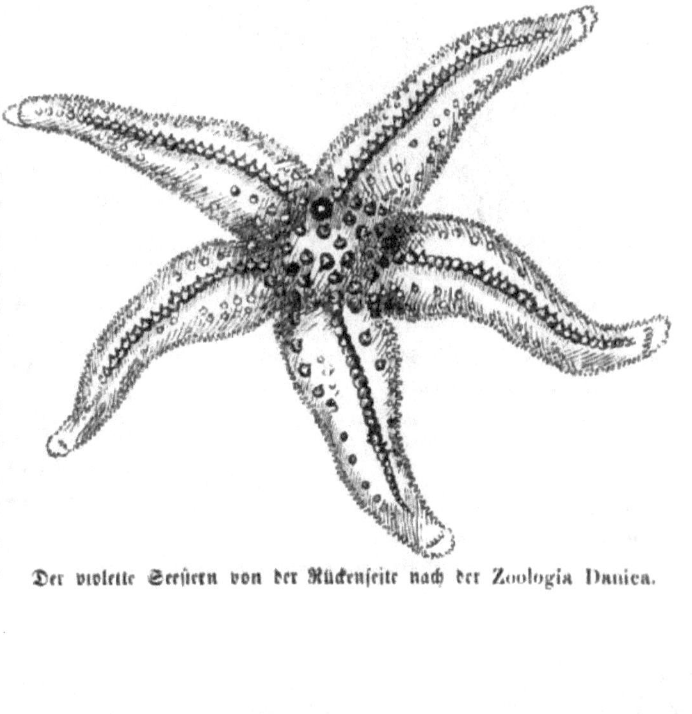

Der violette Seestern von der Rückenseite nach der Zoologia Danica.

Viel öfter aber, als diese Stachelhäuter, die sich in der Tiefe aufhalten, besucht der gemeine rothe Seestern (**Uraster rubens Forbes, Asteracanthion rubens Mueller & Troschel**), den die Ostfriesen „Fyftak" nennen, unsern Strand. Dieser Name bezieht sich auf die fünf langen und breiten Strahlen, innen von rückenwirbelartigen Kalkringen gestützt, welche das Thier um die kleine Rumpfscheibe trägt. In der Mitte liegt der Mund, der in einen weiten Magen führt, von welchem sich in jeden Strahl zwei Blindsäcke verzweigen. Neben letzteren verlaufen Nerven, Blut- und Wassergefäße, letztere um vier Reihen fleischiger Fäden, die bei ihren Bewegungen wie die Fühler der Schnecken aussehen, anzufüllen. Denn nur im ausgespritzten Zustande werden diese Organe fähig, sich aufzurichten, und vermittelst eines kleinen Saugnapfes an andere Gegenstände festzuheften, so daß sie das ganze Thier fortziehen und bewegen können. Das Spiel dieser Füßchen ist daher eine anziehende Beobachtung, die man leicht anstellen kann, weil der Seestern so sehr häufig vorkommt, nicht allein in der Nordsee, sondern auch im Mittelmeere und sogar an den Küsten des stillen Oceans bis nach Japan hin.

Fig. XXXIX.

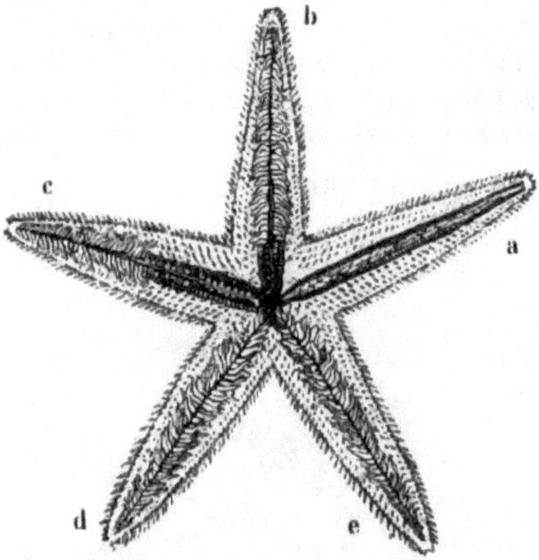

Bau des pomeranzfarbenen Seesterns von der Bauchseite nach Tiedemann: a) Arm mit eingezogenen, b) an der Spitze mit ausgestreckten, am Grunde mit abgeschnittenen, c) an der Spitze mit ausgebreiteten, in der Mitte mit abgeschnittenen, am Grunde mit ganz weggenommenen Füßchen, so daß Nervenstrang und Knochenreihe zum Vorschein kommen, während d) und e) die ausgestreckten Füßchen im gewöhnlichen Zustande zeigen.

Der auf einen geringeren Verbreitungskreis beschränkte violette Seestern (**Asteracanthion violaceum Zool. Dan.**, Fig. XXXX) ist dem vorigen so ähnlich, daß ihn der berühmte Johannes Müller jenem als eine Unterart beigeordnet hat. Dagegen unterscheidet sich der pomeranzfarbene Seestern (**Asteropecten aurantiacus Linné**, Fig. XXXIX) dadurch von den beiden, daß er in den Rinnen seiner Strahlen nur zwei Füßchenreihen besitzt. Auch trägt er auf seiner Haut nicht allein kurze Stäbchen, sondern am Rande noch große Platten mit längeren Stacheln und an der Rückenfläche zahlreiche Fortsätze, die in pinselartige Borstenbüschel enden.

Alle diese Thiere bilden

gewöhnlich fünfstrahlige Sterne, selten trifft man solche mit mehr oder weniger Strahlen, und im letzteren Falle ist gewöhnlich eine Verletzung die Ursache des übrigens für Leben und Gesundheit des Thieres unwichtigen Mangels. Aber ein anderer Seestern hat regelmäßig über zehn Strahlen an der breiten Rumpfscheibe und gleicht deshalb ein wenig dem Bilde der Sonne, nach welchem man ihn den Sonnenseestern (**Solaster papposus L.**, Fig. **XXXV**) genannt hat. Noch mehr treten jene Glieder zurück und der Leib zu einem Buckel hervor beim höckrigen Buckelstern (**Asterina gibbosa Pennant**, Fig. **XXXVI**).

Fig. XXXV.

Der haarige Sonnenseestern nach Forbes.

Wenn man sich aber die Strahlen ganz verschwunden oder vielmehr umgebogen und oben, dem Munde gegenüber, wieder vereinigt denkt, so erhält man die kugliche Gestalt des Seeigels. Diesen sonderbaren Namen verdankt das Thier den vielen Stacheln, die seinen runden Leib nach allen Seiten umgeben. Sie fehlen am After, so wie an den zwischen diesem und dem Munde verlaufenden Reihen von Saugfüßchen, die gleichsam Alleen oder Straßen bilden, daher „**Ambulacra**" genannt werden. Sehr regelmäßig sind diese Verhältnisse an dem gemeinen eßbaren Seeigel (**Echinus sphaera Zool. Dan., esculentus Pennant**, Fig. **XXXVII**), welcher, weit verbreitet, auch in der Nordsee, aber in größerer Tiefe vorkommt. Er bewegt sich nicht so behende, wie die Seesterne, hat aber dafür ein besonders starkes und großes Gebiß. Dasselbe besteht aus fünf starken Zähnen, in einem besonderen Knochengerüste eingelenkt, wird von eigenen Muskeln bewegt und hat

Fig. XXXVI.

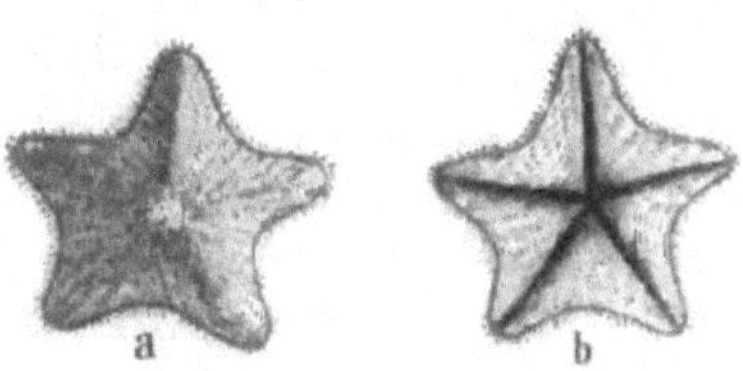

Der höckrige Buckelstern nach Forbes, a) von der Rücken-, b) von der Mundseite.

von seiner seltsamen Form den Namen der „Laterne des Aristoteles“ erhalten.

Zugleich mit dem eben erwähnten Seeigel besucht der kleine purpurgefleckte (**Echinus miliaris Leske, saxatilis Zool. Dan.**), mit spitzen, theils langen, theils kurzen Stacheln, die Auster- und Kammuschelbänke.

Fig. XXXVII.

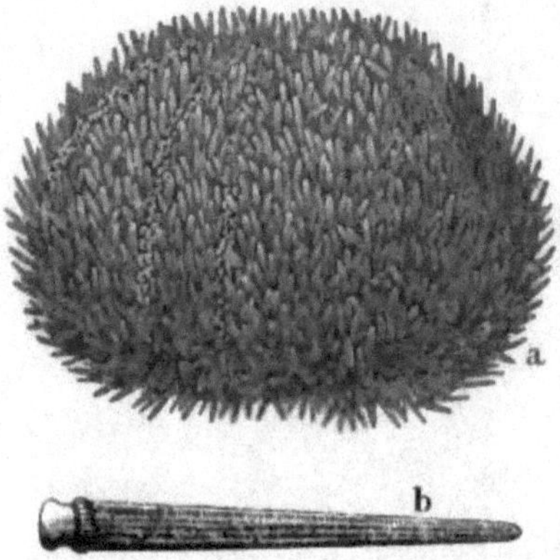

Der eßbare Seeigel nach Forbes; a) ganzes Thier, b) vergrößerter Stachel.

Nicht mehr kugelrund, sondern eiförmig und flach ist der Erbsenseeigel (**Echinocyamus oder Amphidotus pusillus Zool. Dan., Fig. XXXVIII**), der kleinste, aber auch der häufigste und niedlichste seiner Ordnung im nordwestlichen Meere. Lebend zeigt er eine glänzend grüne Farbe, aber todt, wie gewöhnlich, wenn er an die Küste geworfen ist, sieht sie schmutzig-weiß aus. Anatomisch unterscheidet er sich wesentlich von den vorigen, da seine Fußreihen nur kurz sind und nicht um das ganze Thier herumlaufen, sondern einen Stern auf dem Rücken bilden, während Mund und After auf der entgegengesetzten Seite liegen. Das in jenem steckende Zahngerüst ist ebenfalls viel breiter und kantiger, als das des eigentlichen Seeigels. Dieses kleine Thier bildet den Uebergang zu den Herzigeln, welche eine noch flachere Scheibe, auf der einen Seite mit dem Munde, auf der gegenüberliegenden mit dem Gehfüßchenstern, mit dem After am Rande, darstellen. In Gattung ist die häufigste Art die des gemeinen Herzigels (**Amphidotus cordatus Pennant, Spatangus purpureus Zool. Dan.**). Seine röthliche Oberfläche ist mit dünnen haarartigen Stacheln bedeckt, nach denen man ihn in England „Meermaidskopf“, wohl auch „Kindskopfigel“, oder „haarigen Seeigel“ nennt.

Fig. XXXVIII.

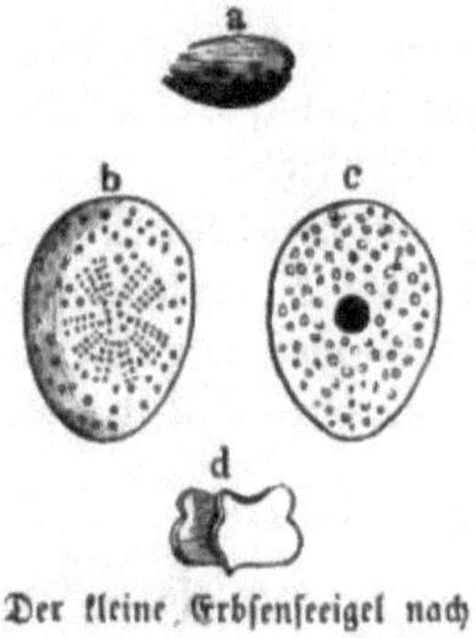

Der kleine Erbsenseeigel nach Forbes. a) Ganzes Thier von der Seite in natürlicher Größe, b) dasselbe ohne Stacheln, von unten vergrößert, c) ebenso von oben, d) das Zahngerüst.

In anderer Weise entfernen sich noch weiter, als die Seeigel, die Holothurien oder Seewalzen von der Form der Seesterne. So ist ihre Haut nicht fest, sondern lederartig dehnbar und birgt nur loose Kalkstacheln und Schuppen. Sehr sonderbar ist auch ihre Gestalt, welche eine Röhre bildet, in die der Mittelschild oder Buckel der Seesterne und der kuglige Leib der Seeigel gleichsam ausgezogen sind. Zwischen dem Munde am vorderen Ende und dem After am hinteren laufen dann, wie bei jenen Ordnungen, die Reihen der Saugfüßchen gewöhnlich in der Fünfzahl. Mit diesen können sich viele von ihnen, gleich den andern Stachelhäutern, festsaugen und fortziehen, eine Bewegung, die durch die erstaunliche Biegsamkeit und den mannigfaltigen Formenwechsel des Körpers bedeutend unterstützt wird. Uebrigens stecken manche in dem Schlamme fest und lassen nur ihre meist büschelförmigen Mundfühler hervorragen, um sich die im Wasser wogenden Nahrungsmittel zutreiben zu können. Andere aber kriechen wirklich auf dem Grunde umher, wie auf der beigegebenen Abbildung zwei fünfkantige Seegurken (Cucumaria pentacles Zool. Dan., Fig. XXXXI) einen kleinen Hügel hinangleiten.

Fig. XXXXI.

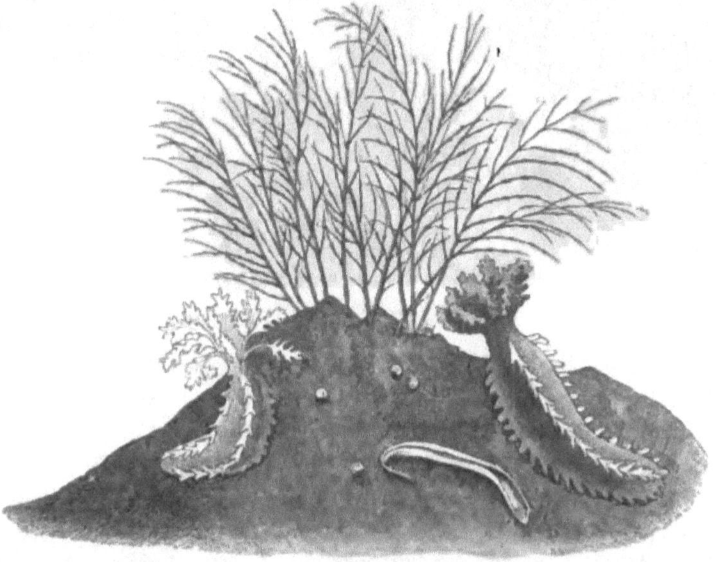

Die fünfkantige Seegurke an einem mit Plumularienstöcken besetzten Schlammhügel auf dem Meeresgrunde, nach Forbes.

10. Pflanzenthiere.

Den Gipfel dieses in Fig. XXXXI dargestellten Hügels ziert ein Gebüsch, welches aber nicht von Pflanzen, sondern von Strahlthieren gebildet wird, die man allerdings nach ihren fremdartigen Formen Pflanzenthiere (Phytozoa oder Zoophyta) genannt hat. Dazu gehören die breiten Lappen von grau=weißem Aussehen und feinlöcheriger Oberfläche, welche oft mit dem Tang ausgeworfen werden und blattartige Seerinde (**Flustra foliacea Linné**, Fig. **XXXXVI**) heißen. Aber nicht ein einzelnes Thier ist so unregelmäßig gestaltet, sondern diese Gebilde sind Stöcke, aus lauter kleinen Zellen aufgebaut, deren Mündungen man als feine Poren noch erkennen kann. Aber erst mit dem Vergrößerungsglase erhält man ein deutliches Bild von ihnen und ihrem Rande, dessen Eigenschaften oft nothwendig beim Unterscheiden und Bestimmen der einzelnen Arten berücksichtigt werden müssen. So trägt die haarige Seerinde (**Membranipora pilosa Ellis**, Fig. **XXXXII**) um ihre Zellen nach Innen und Oben ragende Stacheln, welche zum Theil zu langen Borsten auswachsen. Dagegen bewohnt die hautartige (**Flustra membranacea L.**, Fig. **XXXXVII**), welche oft die breiten Tange überzieht, wie die grauen Flechten die Bäume unserer Wälder, länglich=rechteckige Zellen, wie sie auf der nebenstehenden Abbildung gezeichnet sind. Diese Geschöpfe von gewundener Form, unten mit einem Darme, der an der Seite ausmündet, oben mit dem Munde endigend, zeigen eine sehr große Aehnlichkeit mit den Aszidien, besonders mit den verwachsenen Keulenscheiden oder Clavelinen; siehe oben Fig. **XXX**. Demnach trennen die neueren Zoologen die Flustren und die ihnen ähnlichen Thiere unter dem Namen Moosthiere (**Bryozoa**) von den andern Pflanzenthieren und reihen sie jenen Mollusken an. In der That kann man selbst die Athemhöhle vor dem Schlunde, das Merkmal der Seescheiden, in den Fühlfäden der Moosthiere vor dem Munde, die sogar, wie die Innenhaut jener Höhle, mit feinen Wimperhaaren besetzt ist, wiedererkennen.

Fig. **XXXXVI.**

Die blattartige Seerinde.

Viel einfacher sind die Fühl= und Fangfäden, die Eingeweide, die Zellen, ja die ganzen Stöcke der echten Pflanzenthiere oder Polypen beschaffen, wie man deutlich an dem kehlförmigen Röhrenthierchen (**Tubularia larynx Solander**, Fig. XXXXIII), erkennen kann. Auf zarten schwanken Stämmen sitzt je ein Polyp, außen zwei Fädenkränze darbietend, innen nur eine kropfartige Magenhöhle enthaltend, deren Boden nach der hohlen Röhre hin offen ist.

Fig. XXXXII.

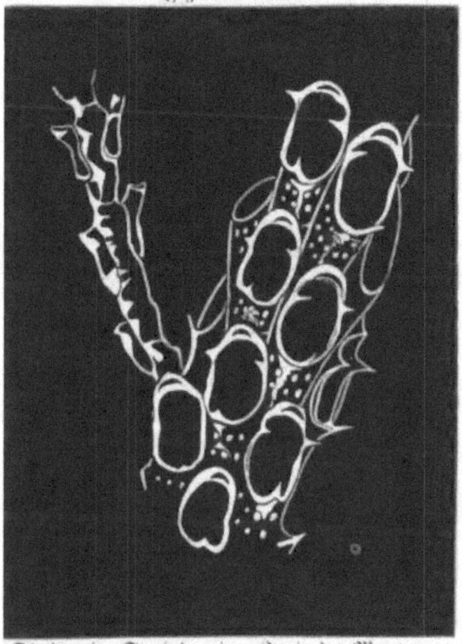

Die haarige Seerinde, einen Zweig der Meertanne überziehend, 100 Mal vergrößert. Von beiden Thieren sind die Weichtheile vertrocknet und geschrumpft, und nur noch die Stämme übrig.

Aehnliche Thiere sitzen an der cypressen- und der fichtenartigen Meertanne (**Sertularia cupressina Linné** und **abietina Linné**, Fig. XXXXII) in den becherförmigen Zellen, welche an beiden Seiten des Stammes aufgereiht sind, während sie bei dem Federthierthierchen (**Plumularia foliata L.**, Fig. XXXXI) nur auf einer Seite stehen. Bloß aneinandergehäuft sind aber die Zellen des fleischigen Knospenthierchens

Fig. XXXXVII.

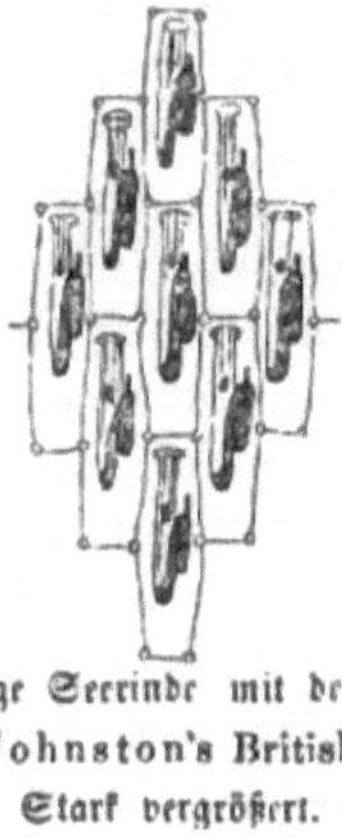

Die hautartige Seerinde mit den Thieren in Zellen nach Johnston's British zoophytes. Stark vergrößert.

Fig. XXXXIII.

Das kohlförmige Röhrenthierchen nach Ellis: Corallines.

(**Podocoryne carnea Sars**, Fig. **XXXXIV**), welche sammtartig leere Schneckenhäuser überzieht. Gewöhnlich sind die der Krullschnecke mit den Polypen behaftet, aber er verschmäht auch die Schalen anderer Bauchfüßer nicht, wie unsere Figur zeigt, wo das Haus einer Thurmschnecke nicht nur überwuchert, sondern auch über die Mündung hinaus fortgesetzt und vergrößert ist.

Da am Strande nach jeder Fluth viele Polypenstöcke und Büsche umherliegen, findet man oft auch solche, an denen zwischen den kaum sichtbaren Zellchen etwas größere Beutelchen zu sehen sind. Darin hat man mit dem

Fig. XXXXIV.

Hydraktinien, eine hufförmige Thurmschnecke überziehend.

Fig. XXXXV.

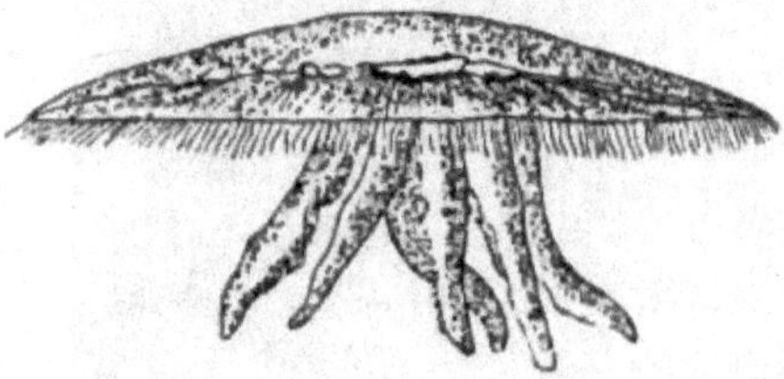

Die Ohrenqualle nach Ehrenberg.

Mikroskop auch Polypen, aber von weiterem Umfange, wahrgenommen und hat beobachtet, daß dieselben nach Berstung des Beutelchens frei umherschwimmen. Die neuen Thiere wachsen dann rasch, während die Zartheit und Dünne der Häute dieselbe bleibt. So entstehen die Quallen, welche fast so durchsichtig wie Schaumblasen und von heller Farbe, ein wundervolles Schauspiel gewähren, wenn sie bei ruhigem Wetter in zahllosen Schaaren den Ocean durchwogen, ihre langen Schleier und Fäden rasch zusammenziehend und anmuthig wieder ausstreckend. Dies gilt besonders von den großen Arten, unter denen die Ohrenqualle (**Medusa aurita L.**, Fig. **XXXXV**) am gewöhnlichsten und verbreitetsten ist und von Zeit zu Zeit auch unsere Inseln schaarenweise besucht. Noch größer ist die Zahl der Nachtleuchten (**Noctiluca miliaris Lamarck**), die aber, klein wie ein Hirsekorn, zwischem dem Schaume der Fluthen nicht bemerkt würden, wenn sie nicht des Nachts beim wunderbaren Meeresleuchten als lauter glühende Funken, wie auf dem Lande die Johanniswürmchen, umhersprühten.

„In dem Ocean erscheinen gallertartige Gewürme als leuchtende Sterne. Ihr Phosphorlicht wandelt die grünliche Fläche des unermeßlichen Oceans in ein Feuermeer um. Unvergeßlich wird mir der Eindruck jener stillen Tropennächte der Südsee bleiben, wenn aus der duftigen Himmelsbläue das hohe Sternbild des Schiffes und das gesenkt untergehende Kreuz ihr mildes planetarisches Licht ausgoßen, und wenn zugleich in der schäumenden Meeresfluth die Delphine ihre leuchtenden Furchen zogen," erzählt Humboldt von seinen fernen Reisen. Aber, wie uns der bunte Teppich der Pflanzenwelt und das reiche Thierleben, die großartigen Gebirgsriesen und die furchtbaren Gewitter der Tropen abgehen, ist auch das schöne Meeresleuchten in der Nordsee milder, so daß es nur bei bedecktem Himmel und leicht erregter See sichtbar ist. Denn daß die Erscheinung erst auf Bewegung eintritt, zeigt das Aufleuchten vieler kleiner Thiere im dunkeln Sande beim Scharren mit dem Stocke oder dem Fuße und die Beobachtung Ehrenbergs, dem „beim Rudern das Wasser zuweilen wie flüssiges glühendes Metall erschien." Dieser Forscher hat auch noch andere Leuchtquallen gefunden, indem ihm größere einen ganzen Kranz von Feuerfunken am Rande zeigten und mikroskopische Formen äußerst lebhafte, bewegliche Punkte bildeten. Außerdem entdeckte er unter den kleinen Aufgußthierchen und Würmern Leuchtthiere, wie es ja auch unter den höheren Geschöpfen welche giebt. So schwimmt im Ocean der fußlange Riesenfeuerleib, der aus Hunderten zusammengewachsener Seescheiden besteht, lebhaft blinkend umher. So funkeln die Seesterne und von einigen Muscheln ist der sanfte Schein schon im Alterthum bekannt gewesen. Von den Kopffüßern aber behaupten Manche, daß sie nur durch Bewegung das Glänzen ihrer Umgebung hervorrufen und die Fische sollen das Licht mit ihrer glatten Oberfläche wiederspiegeln. Andere Naturforscher beharren darauf, daß alle Seethiere, wenigstens zur Brutzeit, leuchten, und in der That tritt der Vorgang nur periodisch auf, auch abgesehen vom Wetter, so daß er manchen Badegästen fast unbekannt bleibt, andern ein häufiger Genuß wird. Findet aber das Meerleuchten einmal statt, so kann man es auch in der Wohnung beobachten, wie Lewes in seinen „Studien am Seestrande" räth: „Stell Dein Glas (voll Seewasser mit Leuchtquallen) in ein verdunkeltes Zimmer und schüttle es oder bewege das Wasser, und Du wirst von dem dargebotenen Schauspiel entzückt sein. Von allen Seiten erscheinen und verschwinden glänzende Funken, bis die Bewegung des Wassers keine mehr hervorbringt; ihre Kraft ist erschöpft, wie die des electrischen Aales nach wenigen Minuten verbraucht ist."

Außer dieser schönen Erscheinung, außer jener wunderbaren Verwandlung aus kleinen Pflanzenthierchen zu den großen, wenn auch zarten Schirmen und Glocken, bieten die Quallen noch eine andere merkwürdige Eigenschaft dar. Beim Anfassen oder wenigstens bei der Berührung mit dem Gesicht, dem bloßen Arme und andern empfindlichen Körperstellen, wie es wohl zuweilen beim Baden geschehen kann, fühlt man ein schmerzhaftes Stechen wie von Brennesseln. Daher haben neuere Forscher ihnen den Namen Meernesseln (Acalephae), den sie schon bei Aristoteles hatten, wiedergegeben. Dieser begriff darunter freilich noch andere Pflanzenthiere, welche zum Theil ebenfalls diese Eigenschaft besitzen: die **Blumenthiere**, die ihnen auch in der anatomischen Einrichtung nahe stehen, aber ein ganz anderes Aussehen darbieten. Es sind kurze dicke Polypen von gallertartiger Beschaffenheit, schön gefärbt und oben mit einer Menge meist bunter Fühl- und Fangfäden geschmückt. Diese Organe werden in der Ruhe ausgebreitet und führen dann der einfachen Mundöffnung, die zwischen ihnen liegt, die meist aus Seethieren bestehende Beute zu. Bei Gefahr aber wird diese ganze obere Fläche in das Innere des Polypen, der sich zu einem bloßen Fleischklumpen verwandelt, hineingezogen.

Der Mund der Blumenthiere führt in einen eben so einfachen Magensack, der sich nach unten in eine Leibeshöhle mit senkrechten, nach der Mittelaxe speichenartig zulaufenden Scheidewänden verliert. An ihnen liegen Fäden, deren Zweck unbekannt ist, da sie die einzigen feineren Organe dieser sonst so einfachen, scheinbar plumpen Thiere sind. Dennoch fallen diese wegen ihrer schönen Farben und ihrem für so niedere Wesen großen Körper leicht dem am Strande Suchenden ins Auge. Oft wird er sich an dem bunten Anblick der zwischen höchstem und niedrigstem Wasserstande lebenden **rothen Seeanemone** (**Actinia mesembryanthemum Ellis & Solander, rufa Zool. Dan., Fig. XXXXVIII**) erfreuen. Denn dieser 1 bis 3 Zoll hohe und breite Polyp ist auf braunem Grunde, mit blaugrünen Streifen am Leibe und azurblauen Flecken an den Fühlern geschmückt. Noch einmal so groß wird die **holsteinische Seeanemone** (**Actinia Holsatica Zool. Dan.**), von sehr schön gelber und rother Farbe, welche zahlreich bei Helgoland lebt und auch wohl bis zu unsern Inseln kommt. Andere Blumenthiere kommen an den felsigen Küsten der britischen Inseln vor, und sie sind durch die kunstvollen Aquarien im Londoner zoologischen Garten und die Beschreibung des geistreichen **Lewes** dort so bekannt und beliebt worden, daß sie, wie bei uns die Goldfische, in Glaströgen, die aber mit Seewasser angefüllt sein müssen, gezogen und von den Engländerinnen mit Schnecken und rohem Fleische gefüttert werden.

Fig. XXXXVIII.

Die rothe Seeanemone nach **Johnston's British Zoophytes.**

Zu diesen Thieren hatte man früher auch die formlosen **Seeschwämme** gezählt, die aber, wie die gebräuchlichen Badeschwämme, nur aus einer löcherigen, hornig-fleischigen, mit Kalk oder Steinnadeln durchwebten Masse bestehen. Solche überziehen wohl auch viele Gegenstände, die an unserer Küste ausgeworfen werden, aber sie sind weder durch ihre Gestalt und Farbe, noch durch ihren Gebrauch oder ihren Bau bemerkenswerth.

Eher verdient eine fünfte Abtheilung der Zoophyten, deren Angehörige zierliche Thierstöcke bilden, unsere Berücksichtigung: Im schlammigen Meeresgrunde um unsere Insel steckt nämlich häufig die rothe Seefeder (**Pennatula phosphorea Linné**, Fig. **XXXXIX**) mit ihrer fleischigen Spule und läßt die zarte Fahne im Wasser wogen, damit die kleinen, auf derselben reihenweise sitzenden Polypen ihre Nahrung in den vorbeiziehenden Wogenströmen zugeführt bekommen. Oefters werden auch die federförmigen Stöcke, welche ja nur lose im Boden stecken, an den Strand getrieben, und zeigen da ihre schöne rothe Farbe, durch die sie von jeher, so wie durch ihre merkwürdige Gestalt, selbst die Phantasie der Beschreiber angeregt haben. Da auch sie des Nachts phosphorisch blinken, sind sie mit andern Erscheinungen des Seeleuchtens verwechselt worden, und man hat bald erzählt, daß sie durch die gemeinschaftliche Bewegung aber Einzelthiere schwimmend den Seefahrern ein prachtvolles Schauspiel gewährten, bald geglaubt, daß sie die sonst so düsteren Abgründe des Oceans erhellten. Diese bedürfen aber solcher märchenhaften Erleuchtung durch Seefedern nicht, um belebt zu werden, denn im matten Schimmer der an der Oberfläche bläulich, dann röthlich und in größter Tiefe weißlich abgeschwächten Sonnenstrahlen erhebt sich ein bunter Teppich von Tang und Seethieren. Freilich ist derselbe, außer zu den seltenen Zeiten vollständiger Windstille, dem Menschenauge entzogen und auch dann in der Nordsee durch den immer in den Fluthen schwebenden Sand und Schlamm dicht verschleiert. Allenfalls sind in dem seichten Wasser der geschützten Buchten des Watts Züge von grünen Algen und am häufigsten noch die munter umherschwimmenden Krabben zu sehen. Dagegen entfaltet sich dann auf der Oberfläche unseres Meeres ein reges Leben: über dem Wasserspiegel treiben die Tümmler ihr Spiel und die weißen Linien der fernen Sandbänke zeigen die runden Köpfe der Seehunde, um welche Schaaren von Möven und Strandläufern geschäftig hin- und herlaufen oder nach dem blauen Himmel auffliegen, daß sie über unsern Köpfen schreiend flattern und kreisen. Bei so heiter ruhigem Wetter bekommt selbst der scharf und gerade abgeschnittene Horizont ein besonderes Interesse, wenn bei dem hellen Lichte der Nachmittagssonne die wunderbare Luftspiegelung der Fata Morgana ihren Zauber entfaltet. Dann rückt sie die Dünen und Fischerboote, ja die Häuser von Norderney und den

Fig. XXXXIX.

Die rothe Seefeder nach Delle Chiaje.

Kirchthurm von Norden für den stundenweit davon fahrenden Schiffer über den gewöhnlichen Gesichtskreis und zeigt ihm darüber das Spiegelbild derselben. So habe ich's auf einer Fahrt bei Juist zu meinem und aller Mitfahrenden größtem Erstaunen beobachtet.

Aber in manchen Gegenden tropischer Meere haben die Schiffer und Naturforscher die bald mannigfaltig ausgezackten und zugespitzten, bald kuppelförmig aufgethürmten Korallenstöcke mit den vielen Schnecken, Seesternen, Seeigeln daran und den glänzenden Fischen darum ein Schauspiel bilden gesehn, das alle Pracht unserer Gärten und Wälder an hellen bunten Farben und feinen Formen weit übertrifft. Jene Stöcke, deren kalkiges Skelet gefischt und als Korallenschmuck von den Frauen getragen wird, sind auch von Pflanzenthieren gebaut, den Blumenthieren und Seefederthieren ähnlich, nur viel kleiner und noch fast einfacher. Sie kommen in der Nordsee nicht vor und schmücken überhaupt nur einzelne Stellen des Meeres, aber wir können uns schon an den bunten Seeanemonen, den zarten Quallen, den gegliederten Seesternen genügen lassen, um die Fülle und Mannigfaltigkeit der Meeresnatur zu bewundern.

IV.

Die Seebadeanstalt.

Das Inseldorf Norderney und seine Bewohner haben in dem Herrn Pastor Reins, der seit langen Jahren daselbst als Geistlicher lebt und wirkt, einen sachkundigen Beschreiber gefunden; sein mit warmer Beredtsamkeit verfaßtes Werk*) giebt jedem Besucher der Insel über die Geschichte und die Lebensweise seiner Wirthe ausführlichen Bericht, den zu vervollständigen einem we-

*) Die Insel Norderney nach ihrem früheren und gegenwärtigen Zustande, geschildert von C. G. Reins, ev. luth. Prediger daselbst. Hannover, 1853.

niger Eingeweihten gewiß unmöglich sein würde. Gestützt auf seine Angabe möge hier aus der Vergangenheit der Insulaner nur so viel erwähnt werden, als nöthig ist, um den Rahmen zur Schilderung der gegenwärtigen Seebadeanstalt Norderney herzustellen.

Arme Fischer hatten sich im Schutze der Dünen angebaut, um dem Meere die Mittel ihres Daseins abzuringen. Im Kampf mit den Drangsalen der Elemente blieben sie auf ihrem Eilande von den meisten Drangsalen verschont, welche die Menschen und ihre Beherrscher sich selber bereitet haben, so lange man Geschichte schreibt. Die zähe Ausdauer und Arbeitskraft des friesischen Stammes, dem sie angehörten, errang ihnen allmählich die materiellen Grundlagen einer Existenz, welche die karge Natur in diesen Breiten nur unerhörten Anstrengungen zu gewähren pflegt: aus den Fischern wurden Schiffer, deren Kiele ferne Meere durchfurchten, ja während der Blüthe des Ostfriesischen Seehandels im 18. Jhahrhundert hatte Norderney eine Flotte von 30 bis 40 Kauffahrtheischiffen, die im Ganzen eine Tragfähigkeit von 1200 Lasten haben mochte. Das Dorf zählte damals zwischen 400 und 500 Einwohnern, ein lutherischer Geistlicher versah den kirchlichen Dienst und ein Voigt vertrat die weltliche Macht, die übrigens in die Verhältnisse der Insulaner so wenig als möglich eingriff. Dem Landesherrn zahlten sie statt aller Steuern ein unbedeutendes Herren- oder Schutzgeld, und so blieb es auch, als mit dem Tode Carl Edzards im Jahre 1744 der Mannsstamm des ostfriesischen Fürstenhauses erlosch und das Fürstenthum dem Könige von Preußen zufiel.

Bis dahin hatten nur wenige Fremde die Insel betreten; zwar erwähnt die Chronik derselben einige Mal kurzer Besuche der Landesfürsten und ihrer Gemahlinnen, doch scheint deren Beispiel nur spärlich Nachahmung gefunden zu haben und Norderney sammt allen Schwesterinseln blieb den deutschen Landen ein unbekanntes Gebiet. Seit Jahrhunderten brandeten die Wogen an seinem Strande und ladeten ein zum stärkenden Bade, aber nur Einzelne fanden sich, die der Mahnung Folge leisteten. Erst gegen Ende des 18. Jahrhunderts mehrte sich die Zahl der Besucher, und ehe noch die deutschen Aerzte in alten Büchern fanden, daß schon die Griechen und Römer Kraft und Genesung in den Fluthen der See gesucht hatten, wurde ein würdiger Geistlicher auf der Insel Juist durch treue Beobachtung von Heilerfolgen zu dem Entschlusse getrieben, das Baden an seinem heimathlichen Strande öffentlich zu empfehlen. Der Pastor Janus schrieb im Juli 1783 an die ostfriesische Provinzial-Regierung einen Bericht, in welchem er seine Ansicht trefflich begründete. Aber seine Stimme verhallte ungehört, es bedurfte einer mächtigeren Autorität, um die Saumseligkeit aus ihrer Ruhe zu wecken. Der berühmte Göttinger Gelehrte Lichtenberg war es, der im Jahre 1793 gekräftigt zurückgekehrt aus den Seebädern von Margate und Deal, darauf drang, daß wir doch auch so herrliche Heilanstalten bei uns einführen möchten, und Hufeland befürwortete und wiederholte bald darauf Lichtenberg's Aufruf an die Deutschen. Der Impuls war gegeben und wirkte segensreich weiter.

Bei den versammelten Landständen des Fürstenthums Ostfriesland reichte am 16. Mai 1797 der Landphysicus Dr. v. Halem zu Aurich ein Gutachten ein, worin er nachdrücklich die ausgezeichnete Kraft des Seebades rühmt und welches mit den Worten schließt*): „Zur Errichtung einiger Badeanstalten ist vorzüglich die Insel Norderney bequem, theils wegen ihres flachen Strandes und theils wegen ihres Zusammenhanges mit dem festen Lande zur Zeit der Ebbe. Auch zweifle ich nicht, daß sich bei guten Anstalten und wenn man den Nutzen der Seebäder allgemein kennen wird, die Zahl der Badenden von Jahr zu Jahr vermehren wird, welche dort ihre oft lange entbehrte Gesundheit wieder erlangen werden."

Der Norderneyer Voigt Feldhausen erbot sich gleichzeitig zur Unternehmung einer so wohlthätigen Anstalt, wenn er sich nur einen hinreichenden Zuschuß aus der Landescasse zu der ersten Einrichtung versprechen dürfte. Am folgenden Tage resolvirten Stände, deren Präsident, Graf Knyphausen, ein einflußreicher Gönner des Planes war, nach reiflicher Deliberation einstimmig die Anlegung eines einheimischen Seebades auf der Insel Norderney und wiesen zur Bestreitung der zu verwendenden Kosten eine Summe von 5000 Thalern aus dem Dispositionsfond an. Dr. v. Halem wurde von der administrativen Behörde mit Ausführung der von ihm vorgeschlagenen Anstalt beauftragt, und konnte am 1. Mai des Jahres 1800 dem Collegio zu Aurich anzeigen, daß die nöthigsten Vorrichtungen beendet und die Saison mit dem nächsten Monat ihren Anfang nehmen könnte. Unter der Leitung dieses ausgezeichneten Mannes, der durch Wort und That für seine Schöpfung unermüdlich wirkte, wuchs die Theilnahme für das erste deutsche Nordseebad stetig und bewies sich durch den Zuzug von Badegästen, deren Zahl im Jahre 1804 schon über 500 betrug.

Aber die ersten Entwickelungsjahre der jungen Anstalt fielen in die schrecklichste Sturm- und Drangperiode Deutschlands, rauhe Kriegsstürme hielten die Keime ihres Wachsthums lange Zeit, der Vernichtung nahe, zurück.

Nach der unglücklichen Schlacht von Jena wurde Ostfriesland und also auch Norderney dem Königreiche Holland einverleibt. Die holländische Re-

*) Vergl.: Bilder und Skizzen aus Norderney, von Alexander Rolffs. Emden, 1859. S. 19.

gierung hatte damals weder die Macht, noch den Willen, für das Gedeihen ihrer neuen Unterthanen zu sorgen. Aber noch schlimmer wurden die Zeiten, als im Jahre 1810 der ganze nordwestliche Küstenstrich Deutschlands ein Theil des französischen Kaiserreichs wurde. Alle früheren großen Weltereignisse waren an dem Leben unserer Insulaner vorübergangen, ohne seine Kreise erheblich zu stören. Was der fürchterliche dreißigjährige Krieg, was die blutigen Kämpfe Friedrich des Großen nicht vermocht hatten, das gelang aber doch endlich dem Erbfeinde der Deutschen: die friedlichen Insulaner sahen den Krieg im Umfange ihrer stillen Dünen, französische Kanonen bedrohten von der Insel aus das deutsche Meer und die Schanze im Osten des Dorfes steht noch heute als eine Spur des ehernen Fußes, den der gewaltige Eroberer unserm Vaterlande in den Nacken gesetzt. Unter dem schweren Drucke der französischen Tyrannei verleidete die Mühe, ja beinahe die Unmöglichkeit, Pässe nach den Inseln zu erhalten, Jedem die Lust hinzureisen. Verboten war es, die Luft des Vaterlandes da zu athmen, wo sie am reinsten und wohlthätigsten ist*). Den Bewohnern unserer Insel war durch die Continentalsperre jede Erwerbsquelle abgeschnitten, ihre Schiffe waren entweder aufgebracht oder verfaulten auf der Rhede, Hunger und Elend herrschten in jeder Behausung des Dorfes.

Als dann endlich das Joch der Fremdherrschaft gebrochen, als Sicherheit und Frieden in Deutschland wieder hergestellt waren, da konnten auch die Insulaner freier wieder aufathmen. Zwar mußten sie die Förderung ihres Wohlergehens abermals von einer ihnen bislang fremden Stelle erwarten, da das Fürstenthum Ostfriesland 1815 ein Theil des Königreichs Hannover geworden war; doch that die neue Regierung, was in ihren Kräften stand, um zu helfen. Versuche, die Schifffahrt wieder zum Hauptgewerbe der Norderneyer zu machen, wurden vergeblich gemacht, die Kaufleute sind dem mehr und mehr versandeten Fahrwasser der Insel seitdem fremd geworden und die Masten auf ihrer Rhede gehören nur Fischerschaluppen an. Einer Erweiterung des unbedeutenden Ackerbaues widerstand die Unfruchtbarkeit des dürren Sandbodens und die spärlichen Wiesen können auch heute nur etwa dreißig Kühen und einigen hundert Schafen die nöthige Nahrung liefern. Aber eine nicht unbeträchtliche Erwerbsquelle floß fortan unausgesetzt in dem aus den Trümmern neu erstehenden Seebade, welches gleich nach der Befreiung von der französischen Herrschaft von den Provinzialständen kräftig unterstützt, im Jahre 1819 aber von der Landesherrschaft als Staatsanstalt übernommen wurde. Bedeutende Summen wurden nun

*) Vergl.: Beschreibung der Insel Norderney und ihrer Seebadeanstalten, von Dr. v. Halem. Bremen, 1815.

auf die Herstellung von Logirhäusern und Speisesälen verwendet, das Badehaus wurde vergrößert, die Zahl der Badekutschen vermehrt, ebene Wege und Gebüsche angelegt und außerdem den Einwohnern durch Darleihung von zinsfreien Vorschüssen unter die Arme gegriffen, damit sie ihre Wohnungen zur Aufnahme von Gästen behaglicher einzurichten vermöchten. Die obere Leitung der gesammten Verwaltung der Anstalt, welche in den ersten Jahren ihres Bestehens der Dr. v. Halem besorgt hatte, wurde nun einem vom Könige ernannten Badecommissair übertragen, ein Badeverwalter erhielt die Aufsicht über das ganze herrschaftliche Eigenthum und die Leitung der Wirthschaftsangelegenheiten. Die Königliche Landdrostei Aurich, welche an die Stelle des früheren fürstlichen Administrations-Collegii getreten war, wurde die vorgesetzte Behörde für alle Angestellte der Anstalt und führte fortan die Aufsicht über das Rechnungswesen; in höchster Instanz entscheidet das Ministerium des Innern im Namen des Königs selbst.

Die Bezeichnung einer „Königlichen Seebadeanstalt" verleitet Manchen zu der oft gehörten irrigen Meinung, als werde dieselbe auf Rechnung und zum Vortheile der Königlichen Casse verwaltet. Dem ist aber nicht so; selbst der Landesherr, wenn er die Insel mit seinem Besuche beehrt, wohnt in dem großen Logirhause der Anstalt als Miether; das Seebad Norderney war von jeher und ist noch heute gleichsam ein Privatunternehmen, welches von Landesbehörden zwar verwaltet, dessen Vermögen aber durchaus selbstständig und gesondert gehalten wird. Die bedeutenden Ausgaben, welche die Neubauten und die Anschaffung des reichen Inventars, so wie in der neuesten Zeit die Anlagen des Schutzwerkes erfordert haben, sind durch Anleihen aufgebracht, welche die Summe von hunderttausend Thalern weit überschreiten. Alle Ueberschüsse dagegen, welche die Einnahmen der Badezeit liefern, werden statutenmäßig zur Verzinsung und zur allmählichen Tilgung der erwähnten Schulden verwendet, und nach dem Tilgungsplane werden, wenn der Besuch des Bades bleibt, wie er bisher war, und wenn keine verheerende Naturereignisse oder politische Wirren störend eintreten, erst in dreißig Jahren alle Capitalien abgetragen sein und alle Einnahmen der Anstalt werden zum Besten der dann lebenden Generation der Badegäste unverkürzt verwendet werden können.

Ueber die steigende Bedeutung der Anstalt giebt den klarsten Aufschluß die Zahl der Besucher und der genommenen Bäder, die sich nach amtlichen Ausweisen folgendermaßen verhielt:

Im Jahre	Anzahl der Badegäste.	Bäder am Strande.	Warme Bäder.
1800	250	Sind nicht	anzugeben.
1820	832	5,829	397
1830	788	11,141	581
1840	1508	16,888	453
1850	2077	26,528	906
1851	2122	?	?
1852	1951	23,799	995
1853	2066	23,797	826
1854	2452	23,648	1097
1855	2386	27,805	1470
1856	2814	31,402	1256
1857	3168	37,228	1656
1858	2600	26,479	1467

Der Curgast, welcher unsere Insel zum Ziel einer Badereise gewählt hat, kann auf mehreren Wegen dieselbe erreichen. Von den Endpuncten der aus dem Binnenlande zur Nordsee führenden Eisenbahnen, Bremen und Emden*), fahren während der Sommermonate wöchentlich zwei bis drei Mal Dampfschiffe nach Norderney. Die Fahrt von ersterer Stadt aus dauert etwa 14, die von Emden 5 Stunden; beide Reisen sind ohne Gefahr und nur bei unruhigem Wetter rollt der Jahdebusen oder der Dollart Wellen, die zur Seekrankheit führen. Wer diese lästige Begleiterin der ersten Schifffahrt fürchtet, dem ist zu rathen, von Emden ab nach Norden in einem Miethwagen oder mit der Post zu fahren und von letzterer Stadt entweder das Fährschiff zu benutzen, das den Norddeich zur Zeit der höchsten Fluth verläßt und bei günstigem Winde die Ueberfahrt zur Insel in einer Stunde macht, oder den sichern, aber langweiligern, dreistündigen Weg über das Hilgenrieder Siebl zu Wagen um die Zeit der niedrigsten Ebbe, zu wählen.

Schließen wir uns der überwiegenden Mehrzahl der Fremden an, welche die Dampfschiffreise gewählt hat, und stehen wir ihnen als Führer mit Rath und Erklärung zur Seite: Vor Allem mache sich nur keiner auf den Anblick romantischer Seeküsten gefaßt mit dazugehörigen Felsenufern und schäumenden Wogen! Unsere Fahrt geht längs des flachen Marschrandes im

*) Da die Abfahrt der Dampfschiffe gewöhnlich in die erste Hälfte des Tages fällt, so muß in der Regel in den genannten Städten ein Nachtquartier genommen werden. Die Sehenswürdigkeiten derselben würden selbst für einen Rasttag volle Entschädigung leisten. Namentlich versäume der Reisende nicht, in Emden die herrliche Waffensammlung des Rathhauses und das naturhistorische Museum zu besuchen.

seichten Wasser des Wattes, auf der einen Seite die gradgezogenen Linien der festländischen Seedeiche, denen man oft so nah kommt, daß man die darauf wandelnden Menschen erkennen könnte, auf der andern Seite die schimmernde Fläche der See, über die der Blick ins Unendliche schweift, wenn ihn nicht zeitweilig die niedrigen Dünenreihen der Inselkette hemmen, welche das Watt von der Nordsee trennt. Endlich naht die Fahrt dem Ziele; wir erblicken am Rande einer am Horizonte auftauchenden Insel einige stattlich emporragende Gebäude, eine lange Straße einstöckiger Häuser zieht sich dicht am Wattstrande entlang, Flaggen in allen Farben wehen lustig von zahlreichen Mastbäumen ihren Willkommsgruß entgegen, das Commando des Capitains erschallt, der Anker rasselt nieder, wir sind auf der Rhede von Norderney.

Aber ehe wir den Fuß auf trockenen Boden setzen können, erwarten den Neuling noch einige seltsame Beförderungsmittel, die den guten Humor herauszufordern scheinen. Es nahen dem ankernden Dampfer mehrere Schaluppen mit schwellendem Segel; die erste ist schon da, sie legt sich Bord an Bord, wir folgen dem Rufe des Capitains, ergreifen unser Handgepäck, die Koffer überlassen wir den Schiffsjungen und ein dreister Sprung befördert uns in das kleinere schwankende Fahrzeug; bald ist es gefüllt, abermals erschallt das Commando und die frische Briese entfernt uns rasch vom Dampfer, um uns einem Gegenstande zuzuführen, den wir nach einigem Zweifel für einen mit zwei Pferden bespannten Wagen erkennen, welcher, bis an die Achse im Wasser stehend, mehr den Eindruck eines breiten Kahnes, als eines Landfuhrwerkes macht. Wir legen bei, plätschernd ziehen die Pferde das wunderliche Gefährt dicht an den Rand unserer Schaluppe, abermals ein Sprung und nur unverzagt Platz genommen! Den unbeseelten Mächten der Tiefe sind wir entronnen, die geduldigen Rosse ziehen uns nun ans sandige Ufer dem Dörfchen zu, das aus grünem Weiden- und Erlengebüsch uns freundlich entgegenscheint. —

Die beschriebene Art des Landens auf Norderney, bedingt durch den ganz allmählich sich abdachenden Strand, hat schon manchen Ausruf der Verwunderung schönen Lippen entlockt und manches Kopfschütteln der Gelehrten veranlaßt. Auch ist es nicht zu läugnen, daß eine Landungsbrücke, an welcher die Dampfschiffe anlegen könnten, eine große Verbesserung für den Verkehr der Insel mit dem Festlande sein würde, allein das Kostspielige der ersten Anlage ist für die finanziellen Kräfte der Seebadeanstalt bislang ein unüberwindlicher Verhinderungsgrund gewesen. Der Wasseromnibus wird daher wohl fürs Erste noch seinen Platz behaupten und die gute Laune, die beim Uebersteigen vom schwankenden Boot ins Wasser zu fallen drohte, muß behülflich sein, aus der Noth eine Tugend zu machen. Hoffentlich wird sie wieder gehoben durch die Klänge fröhlicher Hornmusik, welche den Nahenden entgegenschallt; Schaaren harrender Insulaner beleben den Deich, im raschen Trabe geht es durch schattige Laubgänge und die Neuangekommenen halten vor dem Conversationshause an, wo die Beamten der Anstalt und viele der schon anwesenden Badegäste sie bewillkommnen.

Mit Nummern bezeichnete Träger, sogenannte Ordonnanzen, bieten ihre Dienste an, als Führer zu ledigstehenden Wohnungen und als Träger des Gepäckes. Diejenigen, welche nicht brieflich im Voraus Quartier bestellt haben, geben nun vor Allem ohne Hast und Uebereilung an das Geschäft des Aufsuchens, ein wichtiges Geschäft, denn von der Beschaffenheit der Wohnung hängt ein großer Theil des Behagens und des Erfolges ab, den wir von einem Badeorte erwarten. Einige Winke in dieser Beziehung werden nicht unwillkommen sein. Das Dorf, im Südwesten der Insel gelegen, von 1200 Einwohnern bewohnt, erinnert den Fremden beim ersten Durchwandern kaum an die Nähe der See. Freundliche, meist einstöckige Häuser, in unregelmäßigen Reihen gebaut, umgeben von kleinen Gärten, dazwischen grünender Anger, Blumenanlagen und Erlengebüsch, geben ihm mehr den Character einer Niederlassung in unseren norddeutschen Sandsteppen. Gegen Westen und Norden wird es von mehrfachen Reihen bewachsener Dünen vom Meere getrennt, dessen man daher erst nach Ersteigung dieser natürlichen Schutzwehren ansichtig wird.

Wer nun vor Allem auf die Nähe des Badestrandes und auf die von der See her wehende reinste Luft Rücksicht nimmt, der wähle den am Westende des Dorfes liegenden Damenpfad und die Louisenstraße, lasse aber nicht außer Acht, daß eben der leichtere Zugang der Seewinde bei stürmischem Wetter auch sein Unangenehmes haben kann, und daß die genannten Straßen vom gesellschaftlichen Verkehre des Conversationshauses am weitesten seitab liegen. Wer auf diesen letztern seine Wünsche richtet, der nehme eine Wohnung an der geschützteren Lage der Mittel-, Wilhelm- oder Wedelstraße, an der Adolfsreihe und am Markte; den Anblick des Wassers, wenn auch nur des Wattes, gewähren die mit ihrer Front nach Mittag zu liegenden Häuser der Marienstraße, welche vom Badestrande am weitesten entfernt ist. Der Neigung zu stiller ländlicher Zurückgezogenheit entsprechen endlich die in grünen Gärten liegenden freundlichen Wohnungen der im Osten des Dorfes befindlichen Kirchstraße mit der Aussicht auf frische Wiesen und auf das Gebüsch der Schanze.

In sehr häufigen Fällen, namentlich während der Blüthe der Saison im Juli und August, wird zwar der neu ankommende Badegast allen Qualen der Wahl überhoben sein, und wenn er nicht im Voraus Quartier bestellt hat, nehmen müssen, was eben noch zu haben ist. Vor der Nothwendigkeit übereilter Entschlüsse schützt ihn aber alsdann die Möglichkeit, in den Interimswohnungen des von der Badeanstalt zu diesem Zwecke neu erbauten Bazars einstweilen ein Obdach zu finden, in welchem er das Freiwerden besserer Wohnungen ruhig abwarten kann; ganz besonders ist dieses Auskunftsmittel zu empfehlen, wenn die Ankunft auf der Insel nach Untergang der Sonne stattfindet, eine genaue Prüfung der Localitäten in Beziehung auf Lage, Reinlichkeit u. s. w. der Dunkelheit wegen daher nicht mehr möglich ist.

Das nächste Erforderniß für den neu angekommenen Badegast, nachdem er eine Behausung gefunden, pflegt das zu sein, die von der Reise ermüdeten Lebensgeister durch Speise und Trank zu erfrischen und dann sich in den fremden Umgebungen vorläufig zu orientiren. Beide Zwecke zu erreichen, richte sein erster Gang sich nach dem Conversationshause, welches, umgeben von Rasenplätzen und Gartenanlagen, seinen hohen Säulengang stattlich öffnet. In seinen Räumen concentrirt sich das gesellige Leben Norderney's. Es enthält die Wohnungen des Königlichen Badecommissairs und des Badeverwalters, und die Eintrittshalle stellt ein allgemeines Intelligenzbüreau vor, in welchem der Fremde von dem immer anwesenden Tafeldecker und durch die zahlreichen Ankündigungen Alles erfahren kann, was zunächst wissenswerth für ihn ist: Namen und Wohnungen der Angestellten, Badestunden, Zeit des Mittagsessens, Ankunft und Abgang der Posten und Dampfschiffe, Taxen u. s. w. Rechts vom Eingange befinden sich Frühstücks-, Billard- und Spielzimmer, links Ballsäle, Bibliothek (zur Zeit im Bazar Nr. 1), Zeitungslesezimmer und die geräumigen Eßsäle, in welchen drei Mal täglich gespeist wird: zum ersten Male um 1 Uhr an der sogenannten Kinder-Table-d'hôte, welche eine frugale Kost für Kinder und für solche Erwachsene bietet, die Ursache haben, eine mäßigere Lebensweise zu führen; dann um 3 Uhr an der Haupt-Table-d'hôte und endlich Abends 8 Uhr nach der Speisekarte.

Die genannte Hauptmahlzeit vereinigt in zwei hellen luftigen Sälen 3—500 Gäste zu einem gemeinschaftlichen Mittagsessen, bei welchem unter den Klängen der Musik dem durch Seeluft und Seebad gesteigerten Appetite reichlich Genüge geleistet zu werden pflegt. Die Küche des Conversationshauses sorgt auch für diejenigen Curgäste, welche in ihrer eigenen Wohnung speisen wollen, und welche sich das Essen nach drei verschiedenen Kostensätzen holen lassen können. Die beiden Privatgasthäuser des Dorfes bieten eine Abwechselung für Diejenigen, welche aus irgend einem Grunde die Leistungen der öffentlichen Speiseanstalt verschmähen.

Der das Conversationshaus quer durchschneidende Gang führt an dem Büreau der electrischen Telegraphenleitung vorüber, welche die Insel mit dem Festlande verbindet und hauptsächlich dem schönen Zwecke dient, den Lieben in der Heimath mit der Schnelle des Gedankens die glückliche Ankunft und das Wohlbefinden des Reisenden am Nordseegestade zu verkünden.

Verfolgen wir den Gang, der uns wieder ins Freie führt, so sehen wir vor uns einen blumengeschmückten Garten und jenseits die Front eines stattlichen Gebäudes, welches alle anderen hoch überragt, das sogenannte große Logirhaus. Es ist im Jahre 1838 errichtet und seine schmucklosen luftigen Räume dienen dem Könige und seiner hohen Familie bei deren Anwesenheit auf der Insel zur Wohnung, wurden aber in solchen Jahren, in denen Norderney den Besuch des Landesherrn entbehren mußte, auch an andere Badegäste vermiethet.

Wenden wir uns von unserm Standorte rechts, so gelangen wir am Ende des Auftrittes der an der Hinterfront des Conversationshauses entlang läuft zum Badehause. Es enthält zehn Badezimmer mit in den Fußboden eingemauerten und mit weißen Fliesen ausgelegten Bädern. Vortreffliche Douche-Apparate aller Art, Regenbäder und Sitzbäder sind vorhanden und der Bademeister ist zur Bereitung der gebräuchlichsten Medicinalbäder instruirt. Das klare Seewasser mit seinem starken Salzgehalte eignet sich sehr gut zu wirksamen warmen Bädern, die auch vielfach benutzt werden. Es wurde ehemals in Fässern herbeigeführt*), im Jahre 1836 jedoch ist mit bedeutenden Kosten eine Röhrenleitung angelegt, welche am Südwestende der Insel an der mittlern Fluthgrenze beginnend, das Seewasser in einen an den benachbarten Dünen gegrabenen ausgemauerten Behälter leitet, aus welchem es in die neben dem Badehause befindliche Kufe fließt. Eine Feuerspritze mit Anbringer, deren Schlauch in die Röhrenleitung am Strande eingeschroben wird, hebt, von kräftigen Armen bedient, zur Zeit der höchsten Fluth den täglichen Bedarf an Wasser in das Bassin.

Mineralwässer manchfacher Art, natürliche und künstlich bereitete, werden von der Badeverwaltung stets vorräthig gehalten.

Die eigentlichen Seebäder werden unter freiem Himmel am Nordstrande der Insel genommen, wo die Wellen der See am kräftigsten branden und nur fester, feiner Sand das Ufer bildet. Der Badeplatz der Damen liegt nahe dem westlichen Rande, wenige Minuten von den letzten Häusern des Dorfes, der Herrenbadeplatz mehr gen Osten, etwa 1000 Schritte von jenem entfernt. Während der Badestunden wehen auf den Dünen, den Badeplätzen gegenüber, rothe Flaggen, geebnete, festgestampfte Wege führen aus dem Dorfe dahin, durch deutliche Wegweiser bezeichnet.

---

*) Vergl: Die Seebadeanstalten auf der Insel Norderney, von Dr. J. L. Bluhm. Bremen, 1842.

Die zum Baden geeignetste Stelle des Strandes wird vor dem Beginne jeder Saison von Sachverständigen ausgewählt und mittelst schwimmender Tonnen, die an Ankern befestigt sind, bezeichnet. Diesen „Boyen" gegenüber stehen in langer Reihe die Badekutschen aufgestellt. Die wechselnde Höhe des Wasserspiegels bei Ebbe oder Fluth macht für die Nordseebäder ganz andere Vorrichtungen nöthig, als an der Ostsee oder bei Flußbädern. Die Engländer haben zuerst auf Rädern bewegliche Cabinen zum Aus- und Ankleiden ersonnen und die ersten „Badekarren," welche für die Norderneyer Seebadeanstalt angeschafft wurden, waren den englischen Mustern nachgebildet. Eigene Erfahrungen haben nach und nach zu Verbesserungen geführt, und jetzt besitzt die Badeverwaltung über 80 ganz aus Holz gebaute sogenannte Badekutschen, kleine Stübchen mit gut schließender Thür, Schiebfenstern auf jeder Seite, im Innern mit zwei Bänken, Spiegel u. s. w. ausgestattet; das Ganze auf vier Rädern ruhend, um es bis an deren Axe ins Wasser schieben zu können. Dies Geschäft besorgen am Damenstrande die Badewärterinnen, welche die Kutsche nach jedesmaligem Gebrauche auf den trockenen Strand ziehen müssen, damit die dermalige Inhaberin sie verlassen und eine neue sie besteigen kann. Am Herrenstrande erleichtern sich die Badewärter die Mühe dadurch, daß sie sämmtliche Kutschen nur nach dem jeweiligen Stande des Wassers vor- oder zurückschieben, den einzelnen Badegast aber auf ihrem kräftigen Rücken bis an die Treppe derselben, und auf ein mit der Glocke gegebenes Zeichen nach genommenem Bade wieder ins Trockene zurücktragen. Allzutief ins Wasser dürfen die Kutschen nicht geschoben werden, da ihre Räder durch den Wellenschlag versanden würden und dann menschliche Kräfte nicht im Stande wären, sie wieder fortzubewegen. Um bis an die Stelle zu gelangen, wo die Wellen kräftig branden, haben daher die Badenden immer noch eine Strecke im seichten Wasser zu durchwaten, die zwischen 12 und 30 Schritten schwanken kann. Wenn dieser Weg auch den Schwachen durch die Stütze geübter Badediener oder Badedienerinnen erleichtert wird, so giebt er doch Manchem zu Beschwerden Anlaß. Die in Ostende und in französischen Seebädern übliche Art des Vor- und Zurückschiebens der Badekarren durch Pferdekraft ist daher auch bei uns oftmals in Vorschlag gekommen, ja selbst versucht worden, doch ist die Badeverwaltung endlich wieder bei der bezeichneten altbewährten Methode stehen geblieben, einestheils weil die Gegenwart von Pferden und ihren Führern dem Damenstrande wesentlich einen andern Character verleihen, namentlich es unmöglich machen würde, daß die Badenden ihre Glieder unverhüllt dem heilsamen Wogenschaum aussetzen, worauf von ärztlicher Seite gewiß mit Recht großes Gewicht gelegt wird, anderntheils weil bei der Gewalt des Wellenschlages die größere Annäherung der Badekutschen an den Ort, wo er stattfindet, die Gefahr bedingen würde, daß die Badenden gegen die Räder und Treppen derselben geworfen würden und Verletzungen davontrügen. Uebrigens kann die Versicherung gegeben werden, daß Curgäste, welche bereits an vielen andern Seebadeorten gebadet haben, sich durchschnittlich leicht mit unserer Methode befreunden, und die Kritik, welche alles Ungewohnte hervorruft, sehr bald vor der Anerkennung der Vortheile derselben verstummt.

Ungetheiltes Lob erwerben sich bei Alt und Jung unsere braven, thätigen Badewärter und Badewärterinnen, ein unermüdetes Geschlecht abgehärteter Menschen, Structura quadrata firmisque membris, um mit Suetons Worten zu reden, welche, unbekümmert um Wind und Wetter, ihren mühsamen Beruf treu erfüllen. Die früheste Morgenstunde findet sie bereits auf ihrem Posten; denn die ältere Anordnung, wonach nur während hoher Fluth gebadet werden konnte, ist seit sieben Jahren von der vorgesetzten Behörde aufgehoben, dagegen die Einrichtung getroffen, daß von Morgens um 5 bis Nachmittags um 2 Uhr es jedem Curgaste freistehen solle, die Zeit des Seebades zu wählen, um je nach ärztlicher Anordnung oder nach eigenem Ermessen stürmischen Wellenschlag bei Hochfluth oder ruhiges Wasser bei Ebbezeit benutzen zu können.

Alle Vorschriften, die sich auf die Art des Badens und die dabei zu beobachtende Lebensweise beziehen, findet der Curgast in einer Schrift des früheren Badearztes auf Norderney, Herrn Sanitätsrathes Flügge, auf die hier mit Ueberzeugung verwiesen werden kann*).

Der herrliche Strand muß der Hauptschauplatz der Thätigkeit für Jeden sein, der auf unserer Insel Genesung sucht, da weht die Morgenluft so rein und belebend, da malt die scheidende Sonne den Abendhimmel mit so wundervollen Farben, da ist jeder Athemzug ein Hochgenuß! Wer gern einsam und

„Schweigend schreitet am Strande des schaumaufbrausenden Meeres"

der findet auf der ebenen Fläche Raum genug, sich zu isoliren. Der Homo uxorius kann auch in den Morgenstunden jenseits der Badeplätze mit seinen Damen am Nordstrande zusammentreffen, die auf dem durch die Dünen führenden Umgehungswege dahin gelangt sind.

Kommen Tage vor, an denen der Wind am Strande zu heftig oder die Sonne zu lästig ist, so bietet ein schattiger geschützter Gang, der zu den dichten Gebüschen der Schanze führt, selbst den zartesten Constitutionen Gelegenheit, dennoch einen Spaziergang zu machen; auch die tieferen geschützteren Thäler der Dünen sind bei stürmischem Wetter gesuchte und beliebte Aufenthaltsorte.

---

*) Verhaltungsmaßregeln beim Gebrauche der Seebäder von Dr. M. Flügge. Hannover, 1848.

Selbst Regenwetter ist nur selten ein Grund, das Haus zu hüten, da der lockere Sandboden überall reinliche Wege bietet und die Kleiderordnung an einem Seebadeorte sich leichter den Meteorverhältnissen als der Mode unterwirft.

Wer die Luft genießen will, ohne seinen Füßen Anstrengungen zuzumuthen, findet mehrfache Gelegenheit zu Spazierfahrten oder zum Reiten, wobei das gewöhnliche Ziel die große weiße Düne im Osten der Insel zu sein pflegt. Vor Allem aber benutze Jeder recht oft die Gelegenheit, mitten im Elemente selbst vom köstlichen Hauche des Meeres sich anwehen zu lassen am Bord einer Fischerschaluppe, die unter schwellendem Segel so leicht dahinzieht auf zielloser Bahn. An schönen Sommernachmittagen harren immer am Strande mehrere dieser kleinen Fahrzeuge, die in dieser Jahreszeit nicht der mühsamen Arbeit des Fischens, sondern nur den leichten Anforderungen des Vergnügens dienen.

Schließlich sei unsere Turnanstalt Erwachsenen sowohl, als den Kindern der Badegäste warm empfohlen; sie bezweckt den Körper ohne gesundheitgefährdende Anstrengung zu anmuthiger Haltung und geregelten Bewegungen zu gewöhnen, und hat sich bereits viele Anerkennung gewonnen. Gewiß haben diese Turnübungen einen guten Antheil an dem Ruhme, den unsere Insel sich als unvergleichlicher Tummelplatz für die Jugend erworben. Mancher Erwachsene verdankt die Kräfte und die Gesundheit, deren er sich erfreut, unbestreitbar der Sommerferienzeit, die er wiederholt unter dem Einflusse der stählenden Wellenbäder, der reinen Luft, der zuträglichsten Körperbewegung in den gefahrlosen Dünen hier zubrachte, täglich angeleitet von einem verständigen Lehrer zu zweckmäßigen gymnastischen Uebungen, die seine Brust erweiterten und seine Muskeln härteten.

Die Gelegenheit zu geselligen und gesellschaftlichen Freuden, welche das Königliche Bade-Commissariat den Badegästen bietet, zu schildern, ist hier nicht der Ort, da die Ansprüche in dieser Hinsicht je nach Stellung, Ansichten und Individualität zu verschieden sind, als daß es gelingen könnte, deutlich zu machen, was jeder Einzelne zu erwarten hat.

Die in der Eingangshalle des Conversationshauses angeschlagenen Ankündigungen, so wie die in jeder Wohnung vorhandenen gedruckten Taxen geben dem Suchenden nähere Auskunft über alle Einrichtungen der Seebadeanstalt, die in den vorhergehenden Zeilen nur kurz erwähnt sind, um im Allgemeinen an ihr Dasein zu erinnern.

IIII.

Weber & Deckers lith. Cöln

Der Damenstrand auf Norderney

V.

Schwimmer u. Badewärter von Norderney.

Badefrau u. Insulanerinn von Norderney.

VI.

Das Einsammeln der „Quappen" (Fischköders) auf Norderney.

Weber & Deckers lith. Cöln

Der Wattstrand und die Rhede auf Norderney.
von der Schanze aus gesehen.

VIII.

Marienhöhe auf Norderney.

II.

Die Emsmündung
nach Menso Alting's Darstellung
Gestalt der Inseln und der Küste vor den Fluthen des XIII Jahrhunderts.
Gestalt der Inseln und des Festlandes um 1697
Spikeroge
Borkna
Orien talis Emisgoae pars.
Norden
Upgentenses
Hutum
Husum
Emese Fluvius
Portus Emethensis
Uthusen
Berum
Stedum
Oterdum
Menterna
Mentermolda
Walthershen
Dollartus Sinus
Reyden Terra
Hleri
Lada fluvius
Emesa fluvius
Eskatorna
Emisgoniae superioris pars
Wester Walda
Lares
Anloe
Annen
Rolde

Kolibri 360 GmbH
Ferdinand-Jühlke-Straße 7
99095 Erfurt, Deutschland
produktsicherheit@kolibri360.de